U0007157

機率

♥ ♠ ♣ ♦

思考

職業賭徒與華爾街巨鱷的
高勝算思維法

CHANCING IT

The Laws of Chance and

How They Can Work for You

Robert Matthews

英國皇家統計學會研究員｜BBC Focus專欄作家

羅伯・麥修斯

高英哲——譯

Contents

Contents

Contents

獻給丹妮絲（Denise）

我所認識最聰明的人
卻不由分說，在我身上賭一把

敢與上帝擲骰子的魄力

　　2004年4月一個週日下午，一名32歲的英國人，帶著他的所有家當，走進拉斯維加斯的廣場賭場飯店（Plaza Hotel & Casino）。所謂的「所有家當」，就是一套換洗衣物，加上一張支票。艾胥里・瑞威爾（Ashley Revell）變賣所有，換得一張135,300美元的支票；就連身上穿的無尾禮服，都是租來的。瑞威爾把支票換成一疊少得可憐的籌碼，走向輪盤賭桌，做了一件驚動四座的事：他把賭注全押在同一格，賭小白球停下來時，會停在紅色格子內。

　　瑞威爾選擇紅色可能是一時興之所至，但如此孤注一擲卻不是，而是已經籌畫了好幾個月。他和朋友討論過這件事，朋友們認為這個點子很棒，不過家人可不這麼想。有些賭場也不歡迎，可能很怕自己淪為賭城傳說的主角：那間就是有人賭上全部家當、結果傾家蕩產的賭場。瑞威爾把籌碼放上賭桌，賭場飯店經理神色嚴肅，問他是否確定自己要這樣做，不過似乎沒有什麼能夠阻擋瑞威爾的決心。在一大群觀眾圍觀下，他緊張地等待荷官把球放進輪盤，一個快手把所有籌碼全都押在紅色。他看著球慢下來，循螺旋線滾進輪盤，在各格子間跳進跳出，最後停了下來——就落在7號紅色格內。

　　那一瞬間，瑞威爾的身價倍增為270,600美元。觀眾大聲歡呼，朋友給他擁抱，他那老爸則是心有餘悸，直說他是個「頑皮

小子」。對於瑞威爾當天的行徑，大多數人可能都會嚴詞批判，說他不明智算是客氣，說他魯莽也不為過，甚至可能說是瘋狂。即使不把135,300美元放在眼裡的億萬富翁，也一定不會這樣下注。任何有點理智的人，都會把賭注分成較小的幾把，最起碼先試試手氣，看看幸運女神今天到底有沒有在家，不是嗎？

不過，事實是：瑞威爾此舉完全是正確的決定。根據或然率定律，想在賭場把身價翻倍，沒有比在輪盤孤注一擲勝率更高的方法。沒錯，這個遊戲並不公平，輪盤的勝率刻意設計成不利於賭客，而且完全合法。沒錯，你有大於50％的機會輸掉賭注。然而，儘管看似詭異，這時的最佳策略，就是大膽地放手一搏；只要稍微膽怯，就會減低成功的機會。瑞威爾在下這把大注之前，自己親身驗證過這點：他前幾天在賭場裡下注幾千美元，卻落得虧損1,000美元。他想要把錢翻倍的最佳希望，就是摒棄分散下注的「常識」，向或然率定律靠攏。

人性對風險缺乏免疫力

那麼，我們應該遵照瑞威爾的腳步，把家當全部賣掉，前往最近的賭場，放手一搏嗎？當然不是。想要財富翻倍，有很多更好的方法，只是比較無趣而已。不過有一件事倒是可以確定：這些方法全都涉及或然率的某個形式，像是機率、不確定性、風險或是可信度。

我們都知道，除了死亡和繳稅，人生沒幾件事情可以確定，但是很少人能對機率淡然處之。機率威脅我們對於事件的掌握

感；機率暗示誰都可能變成莎士比亞筆下「受命運擺布的傻瓜」。機率讓許多人信仰反覆無常的眾神，有些人則否認機率的主宰力量：愛因斯坦就是其中出名的一個——他拒絕相信上帝會在管理宇宙時丟骰子。然而，「理解機率」就是個自相矛盾的詞：按照定義，隨機不就是超乎理解的意思嗎？這個邏輯正好說明人類智識史上最大謎團形成的原因：可靠的或然率理論顯然很實用，卻為什麼經過那麼長的時間才出現？5,500年前的古埃及，就有人在玩機率遊戲，卻一直到了17世紀，才有大膽的思想家，認真挑戰亞里斯多德的觀點，即「機率超越人類知識的理解範圍」。

　　機率違反直覺的情況實在太過頻繁，難以有助於於理論的形成。就以巧合來說，一場美式足球比賽裡，兩名球員的生日相差一日之內，機率大約多少？一年有365天，場上有22名球員，所以你可能會覺得機率低於10分之1。然而，根據或然率定律，真正的答案其實是約90％。不相信嗎？挑幾場美式足球比賽，查查球員的生日，你就知道了。即使如此，你也難免覺得事有蹊蹺，畢竟即使身處在人數差不多的群體裡，也很難真的找到有人跟你同一天生日。就連擲銅板和擲骰子這種簡單的問題，似乎也違反常識。擲一枚公平的銅板，連續出現幾次正面之後，接下來一定較可能擲出反面嗎？如果你很難理解為什麼答案是否定的，別擔心，有位啟蒙時代的偉大數學家，也從來就沒搞懂這點。

　　本書的目的之一，就是透過揭示機率定理及其應用，使讀者理解日常生活中的機率事件。你會讀到如何運用這些定理預測巧合，幫助你在商場上與生活中做出更佳決策，並更能明智解讀從醫療診斷到投資建議等種種事務。

不懂機率，就等著當理盲的傻瓜

不過，本書不只是提供絕妙竅門和實用線索。我寫作本書也為了點出，除了理解機率事件，或然率定律究竟有何能耐。對於需根據證據申述見解的人，或然率定律也是上好的利器。舉凡確認健康風險、找出可以對治的新藥，到增進我們對宇宙的認識，或然率定律在去蕪存菁的過程中，都能扮演關鍵角色。

有一場以或然率定律為焦點的革命，如今正方興未艾。我們清楚看到，對於知識的追尋，這些定律遠比原先設想的有力。然而，要運用這股力量，需要重新解讀或然率，也因此直到最近都還引發激烈論戰。這場持續數十年的爭議，在科學、科技與醫學因為所謂的「貝氏方法」（Bayesian methods）而改頭換面下，如今已逐漸消弭；然而，截至目前為止，這一切卻鮮為大眾所知。本書將會訴說這段經常令人驚異不已的精采故事，談及這些技巧何以出現、它們所引起的爭議，以及一般人如何借助這些觀念，洞悉如氣象預報、科學新主張的可信度等各種事物之究竟。

然而，運用或然率定律的同時，也必須知道其限制為何，以及何時有濫用之虞。研究人員賴以解讀資料而行之有年的標準方法，應用時經常超出使用限制甚多，這已是清楚的事實。這麼做可能導致災難性的後果，學術圈內對此流傳的警告，也數十年未歇。然而，這項逐漸浮現的弊端，同樣鮮為普普大眾所知。我也希望藉本書提供彌補之道。為此，本書取材自我的學術著作，也蒐羅了一些方法，以偵察研究文獻中因證據及方法遭濫用時產生的問題。

　　對於機率、風險和不確定性的理解，需求從未像現在這般迫切。面對政治動盪、金融脫序，以及接踵而至的各種風險、威脅與災禍，我們都渴求確定性。可惜，確定性從來不曾存在，但儘管這是事實，我們也不應因此接受宿命論，或拒絕接受現實。

　　本書的中心思想是，雖然我們永遠無法擺脫機率、風險和不確定性，但我們如今擁有掌握它們、最終勝出的工具。

01

納粹集中營裡的擲銅板實驗

1940年春天，約翰・凱利奇（John Kerrich）從家裡出發，去拜訪姻親。這趟旅程可不輕鬆，因為他住在南非，親戚卻遠在12,000公里之外的丹麥。剛抵達哥本哈根的他，一定覺得自己還不如留在家裡。因為就在幾天前，納粹德國入侵丹麥，數千名士兵以迅雷不及掩耳的閃電戰術湧入邊界，短短幾個小時就瓦解抵抗，掌控全局。接下來幾週，納粹士兵開始逮捕敵方的外國人士，把他們趕進拘留營。凱利奇很快就被逮捕了。

事情原本可能更糟。凱利奇發現，自己身處日德蘭（Jutland）一處由丹麥政府管理的拘留營，據他日後所言，這座拘留營的「管理實在令人欽佩」。[1]即便如此，他仍然面對經年累月可能都沒有書報雜誌可讀的光景。對此，這位維瓦特斯蘭大

學（University of Witwatersrand）的數學講師，實在很難開心得起來。他四處尋思如何打發時間，最後想出一個所需設備最少、但可能有教育意義的數學計畫。他決定對機率進行全面研究，方法是透過最基本的機率現象：擲銅板的結果。

凱利奇十分熟悉數學家的機率理論。如今他發現自己有個絕佳機會，可以用大量簡單的現實生活資料，實地測試理論。等到戰爭結束，他重返大學（當然，假定他能活著撐到那時候），不但能帶回機率定律的理論基礎，也握有可驗證定律可靠度的鐵證。當他要對學生解釋機率定律那討人厭、違反直覺的預測結果時，這將會是無價之寶。

凱利奇希望他的研究能夠盡可能地全面與可靠，這表示擲銅板之後，要盡可能把結果記錄下來。幸好他找到一個名叫艾瑞克‧克利斯坦森（Eric Christensen）的營友，願意一起進行這單調乏味的工作。他們合力搬來一張桌子，鋪上一塊布，彈指把一枚銅板往空中 擲約30公分高後落下。

根據正式紀錄，那一次銅板落下後是反面朝上。

這時，許多人可能會想，事情後來的發展，猜也知道。隨著擲銅板的次數增加，根據眾所周知的「平均律」（Law of Averages，又稱「平均法則」），銅板出現正面與反面的次數，會開始趨於均等。確實，凱利奇在擲了100次銅板之後，正面跟反面的次數相當接近：44次正面，56次反面。

然而接下來，怪事開始發生。他們繼續擲了幾個小時的銅板，正面開始超越反面。擲到2,000次銅板時，正面比反面多了26次；擲到4,000次時，差距多了一倍多，累積到58次。兩者的差

異似乎愈變愈大。

　　凱利奇接著一口氣擲到第10,000次，此時正面出現的次數是5,067次，遠遠超過反面出現的次數134次。正反面出現次數的差距非但沒有消失，反而持續增長。實驗哪裡出了差錯嗎？還是凱利奇發現了平均律的瑕疵？凱利奇跟克利斯坦森已竭盡所能，排除擲銅板可能出現的偏差；不過，他們在仔細研究過數字後發現，實驗結果一點也沒有違背平均律。真正的問題不是出在銅板上，也不是平均律有什麼瑕疵，而是在於一般人對平均律的解讀。凱利奇這項簡單的實驗，其實已經達成他的期望，揭露一項人們對機率的重大誤解。

最簡單的定律，最嚴重的誤解

　　你若問人們平均律的定義是什麼，許多人的回答大概不出「長期來說，結果會平均分配」之類的話。因此，當我們運氣很背，或是敵手看似好運連連時，我們就會拿平均律來自我安慰。運動迷經常在他們支持的一方遭誤判時，引用平均律說這就像擲銅板輸了。有時贏，有時輸，最後會平均分配，還你公道。

　　這個說法有對也有錯。沒錯，平均律確實在宇宙裡運作，不僅有實驗顯示它確實存在，也可以用數學證明。平均律不但適用於宇宙，在數學規則相同的任何宇宙也都適用，這點連物理定律也比不上。但錯誤在於，平均律並不表示「最後會平均分配」。我們在稍後的章節中會看到，平均律的精確含意，是過去一千年裡某些最偉大的數學家，大費周章才確定下來的；而時至今日，數

學家對平均律甚至仍有爭議。數學家對於精確程度的要求，確實經常讓他人覺得很可笑；不過在這個例子中，他們吹毛求疵是有道理的。了解平均律精確的內涵，等於了解機率的運作，並掌握了把對機率的理解變成利己優勢的關鍵。而理解平均律的關鍵就在於，確認所謂「最後會平均分配」的真義為何。明確地說，最後會平均分配的究竟是「什麼」？

這聽起來像一不小心就陷入沉思的哲學題，不過正確答案就在凱利奇的實驗裡。許多人認為，長期下會平均分配的，是銅板正面跟反面出現的原始次數（raw numbers）。

那麼，為什麼擲銅板會出現某個結果的次數大於另一個的狀況？簡短的答案是：盲目、隨機的機率在每次擲銅板時都發揮作用，導致正面跟反面出現的原始次數，愈來愈不可能相同。那麼，平均律出了什麼事？平均律毫髮無傷，只不過它不適用於正面與反面出現的原始次數。很明顯地，我們無法斷言個別機率事件的最後結果，不過如果我們稍微放低標準，只是想知道機率事件的概觀，這倒還可論。

以擲銅板為例，我們無法斷言何時會丟出正面或反面，也無法斷言會擲出多少次正面或反面。不過既然只有兩種結果，而兩種結果出現的機率一樣，我們就可以說正反面出現的頻率應該相等，也就是有50％的時候會出現正面或反面。

這等於指出「長期下會平均分配」的究竟是什麼。平均分配的並不是出現正面與反面的原始次數（對此誰都無法斷言），而是它們的相對頻率（relative frequencies），也就是各項結果的出現次數占總次數的比例。

　　這才是平均律的真義，也就是凱利奇跟克利斯坦森在實驗中看到的定律。隨著丟擲銅板的次數累積，出現正面跟反面的相對頻率（出現次數除以總丟擲次數），也隨之愈接近。實驗結束時，兩者的頻率與完全相等差距不到1％（正面50.67％，反面49.33％）。相形之下，正面跟反面的原始次數差距則漸行漸遠，呈現鮮明對比（詳見下表）。

丟擲次數	正面次數	反面次數	次數差異（正面／反面）	正面出現頻率
10	4	6	−2	40.00%
100	44	56	−12	44.00%
500	255	245	+10	51.00%
1,000	502	498	+4	50.20%
5,000	2,533	2,467	+66	50.66%
10,000	5,067	4,933	+134	50.67%

真正的平均律：「最終平均分配」的是什麼？

　　平均律告訴我們，若想要了解機率對事件的作用，不應著眼於每一個別事件，而是要注意它們的相對頻率。相對頻率之所以重要，是因為「或然率」（probability）是所有機率事件最基本的特質，而相對頻率經常被視為或然率的量度。

　　舉例來說，倘若擲骰子1,000次，在隨機機率下，數字1到6出現次數完全一樣，可能性非常低；這種針對單一結果的陳述，我們無法斷言它會不會出現。不過，多虧了平均律，我們可以預期這六種不同結果的相對頻率，會以總丟擲次數大約1/6的次數出

擲銅板真的公平嗎？

一般認為，擲銅板是隨機的，不過銅板如何落地可以預測，起碼理論上辦得到。2008 年，波蘭羅茲科技大學的研究團隊[2]，分析了實際銅板在空氣阻力影響下的翻轉動力學。理論非常複雜，不過它指出，銅板在落地之前的行為是可以預測的。然後「渾沌」行為介入，只要有一點小小的差異，就會產生截然不同的結果。這表示在半空中抓住擲出的銅板，會產生輕微的偏誤。史丹佛大學的數學家波西‧迪亞科尼斯（Persi Diaconis）領導的研究團隊，也研究過這個可能性。[3] 他們發現在空中就被抓住的銅板，出現正面或反面確實有些微傾向於與開始時的狀態一致，不過這個偏誤極為輕微。因此，無論是在半空中抓住銅板，還是任其四處彈跳，擲銅板的結果確實可視為隨機。

現，而且隨著丟擲次數愈多，就會愈接近某個確切的比例。那個確切比例稱為每個數字出現的或然率（不過我們後來會發現，這並不是思考或然率的唯一方法）。對於銅板、骰子或是撲克牌，我們可以從支配各種結果（擲點數、抽出人頭牌等）的根本特質了解或然率。接著我們可以說，就長期而言，事件結果的相對頻率，應當會逐漸接近或然率。若事情並非如此，我們就可以懷疑，為什麼我們的信念禁不起檢驗。

這樣思考不犯錯

　　平均律告訴我們，當我們知道（或有預感）自己在處理涉及機率的事件時，不應著重在事件本身，而是要注意相對頻率，也就是每個事件各自的出現次數占總次數的比例。

02

藏在常識裡的陷阱

平均律提醒我們，處理機率事件，要注意的是相對頻率，而不是原始次數。不過，若你難以摒棄原始次數「長期會平均分配」的想法，也不必搥手頓足，因為有人跟你一樣。啟蒙時代頂尖的數學家讓‧勒朗‧達朗貝爾（Jean-Baptiste le Rond d'Alembert），就確信，若銅板連續擲出幾次正面，接下來會較易擲出反面。

即使時至今日，還是有很多平時精明的人相信，若先前衰運連連，接下來較有機會出現好運，因而在賭場跟賽馬場手氣不佳後下重本。你若仍甩不掉這個信念，不妨把問題反過來自問：隨著轉輪盤的次數增加，輪盤小球落在紅色或黑色格內的原始次數為什麼應該要愈接近？

事情若要如此，需要什麼條件？若要如此，那顆球就要記得

自己落在紅色和黑色格內多少次，察覺到兩者之間的差異，然後強迫自己落在紅色或黑色格內，好讓兩者次數愈來愈接近。對於隨機彈跳的小白球，這實在是苛求。

平心而論，要克服數學家所謂的「賭徒謬誤」（The Gambler's Fallacy），就得對看似能印證這個謬誤的日常生活經驗改觀。日常的各種機率事件，其實大多比單純的擲銅板更複雜，因此通常不適用於平均律。

舉例來說，趕著出門上班前，想在一團混亂的襪子抽屜裡翻找到一雙黑襪，結果八成會先翻到幾雙彩色襪子；接著，我們通常會順勢把這幾雙彩襪從抽屜裡拿出來放在一邊，繼續找黑襪。現在，有誰還想引用平均律，說一連找到幾雙彩襪，並不影響找到黑襪的機率？乍看之下，找襪子與擲銅板、輪盤轉球，似乎差不多，然而它們其實是兩回事。找襪子時可以排除不合意的結果，增加抽屜裡的黑襪比例；擲銅板之類的事件卻不可能。平均律不適用於解釋找襪子事件，因為平均律的假設是每個事件都不會影響到下個事件。

接受平均律所面對的另一項阻礙，是平均律少有足夠的機會呈現。假設我們決定測試平均律，於是進行適當的科學實驗：擲銅板十次。實驗設定的次數看似合理，畢竟一般人若要說服自己某件事是真的，通常會試幾次？頂多三次或六次吧？但事實上，要展現平均律的真貌，十次根本少到完全不可靠。在樣本數這麼少的情況下，我們確實可能會輕易說服自己，相信原始次數會平均分配的謬誤。根據擲銅板的數學原理，擲十次銅板，正反面出現次數只差1次的機率非常高，甚至有1/4的機率平分秋色。

　　難怪有許多人認為，「日常生活經驗已然證明」，長期會趨向平均分配的是擲銅板的正反面原始次數，而不是相對頻率。

⎪這樣思考不犯錯⎪

　　解釋機率事件，當心別倚賴「常識」跟日常生活經驗。就如同本書將會不斷提到的，宰制機率事件的定律，存在一大堆陷阱，等著糊塗人陷入羅網。

03

黃金定理的暗黑秘密

數學家有時會說自己跟其他人都一樣。一樣才怪！先不提不修邊幅、奇裝異服等這些常見的批評，因為許多數學家看起來完全是個正常人。但是數學家全都具有一個有別於常人的特質：對於證明（proof）非常執著。這裡指的不是法庭的「證據」或是實驗結果；在數學家眼中，這些毫無說服力可言。他們要的是絕對、掛保證的數學證明。

乍聽之下，不輕信任何人說的任何話，似乎頗令人佩服。但是，對於一般人認為顯而易見為見的問題，數學家仍堅持這個態度。數學家熱愛如喬丹曲線定理（Jordan Curve Theorem）之類的嚴謹證明（喬丹曲線定理是指，在紙上畫個歪七扭八的圈圈，會創造兩個區域，一個在圈圈裡，一個在圈圈外）。平心而

論，這種極端的懷疑態度，有時有其根據。比方說，有誰會去想「1+2+3+4⋯⋯」如此無限加總下去，最後結果是多少？[1] 在更多時候，證明反而確認他們原本懷疑的事情為真。不過，偶爾也會因為要證明「顯而易見」的事情，結果證明不但極其困難，還引出令人震驚的意涵。由於機率事件經常出人意料，數學家最初想要界定嚴謹的機率事件理論（明確而言，是定義某事件的「或然率」），若出現意想不到的證明，也許不足為奇。

數學家為何坐立難安

或然率最耐人尋味的就是它捉摸不定、千變萬化的本質。或然率的明確定義，似乎會隨著問題而改變。有時或然率似乎相當單純，倘若想知道骰子擲出 6 點的機率，或然率似乎就可以解釋為出現頻率——也就是某結果的出現次數除以所有結果的總次數。每個數字各占據骰子六面的其中一面，因此把或然率說成某個數字長期而言的出現頻率（也就是 1/6），似乎相當合理。但是當談到賽馬贏得競賽的機率時，或然率在此又是什麼意思？競賽不可能進行 100 萬次，統計某匹賽馬贏了多少次。氣象預報說明天有 60% 的機會下雨時，又是什麼意思？是說明天一定會、還是不會下雨？或者預報員只是表達他們對預報的信心程度？（其實兩種都不是，詳見後文專欄。）

數學家對這種模稜兩可感到渾身不自在，一如在約 350 年前開始鑽研機率原理時一樣。確定或然率的概念，一直是數學家待辦清單上的事項，然而第一位認真研究這個問題而有所斬獲的數

「下雨機率60％」的真相

你打算在午餐時刻出去散步，卻想起氣象預報警告下雨機率達60％。這時，你會怎麼做？這得看你認為60％的機率是什麼意思，而事實很可能和你想的不一樣。

氣象預報是根據大氣電腦模型而來，科學家在1960年代發現這些模型是「混沌」的，只要輸入的資料有一點小誤差，就會產生截然不同的預報結果。更糟糕的是，這些模型對資料的敏感度變化無法預測，某些預報在本質上因而變得更不可靠。於是，氣象學家從1990年代以來，就逐漸採用所謂的「整體分析法」：做數十種氣象預測，每種預測的資料都略有差異，然後隨著時間推移，看看預報結果出現什麼樣的歧異。模型愈是混沌，歧異就愈大，最終的預報結果也就變得愈不精確。

那麼，「中午有60％的機率會下雨」是否表示，整體分析法裡有60％的分析預測會下雨？很遺憾，並非如此。既然整體分析法是現實的模型，它的可靠度卻屬不確定。因此，氣象預報員的播報通常其實是所謂的「降雨或然率」（Probability of Precipitation, PoP），也就是把整體分析法的一切都納入考量，再加上當地實際的遇雨機率。他們聲稱，這種混合式的或然率，能夠幫助我們做較佳決定。

也許是吧 —— 不過，在2009年4月，英國氣象局發

布資訊說，「這個夏天有不錯的機會適合出門烤肉」，顯然是偏差的決定。對或然率頗有研究的人都知道，這只不過表示，根據電腦模型，夏天放晴的機率超過50％；然而，對大多數人而言，「有不錯的機會」就是「極為可能」。沒錯，那年夏天的天氣糟透了，英國氣象局也成為笑柄——這倒一向是鐵律。

學家，率先窺見了或然率的暗黑祕密；時至今日，在應用或然率時，這個祕密依然陰魂不散。

白努利（Jacob Bernouli）於1655年生在瑞士的巴塞爾。他是長子，出身於史上最受崇敬的數學世家。白努利家族在三代之間出了八位卓越的數學家，為應用數學跟物理學發展奠定了基礎。白努利在二十多歲時，開始研讀新興的機率理論，因為它可用於賭博、預測平均壽命以及各種潛在的應用，而深受吸引。不過他也察覺到，機率理論有相當大的缺隙必須填補，包括或然率的精確定義問題。[2]

距離當時約一個世紀之前，有位名叫吉羅拉莫‧卡爾達諾（Girolamo Cardano）的義大利數學家，指出以相對頻率描述機率事件的方便。白努利決定發揮數學家本色，看看能否讓這個定義變嚴謹；然而他很快就理解到，這項看似奇奧的工作，在實務上是艱巨的挑戰。若要建立某事件的或然率，愈多資料，預估值顯然會愈可靠。但是，究竟需要多少資料才能斷定或然率？甚

至，問這個問題是不是沒有意義？因為，或然率會不會是個永遠無法確知的東西？

儘管白努利是當時才華洋溢的頂尖數學家，仍然花了20年解答這些問題。他確認了卡爾達諾的直覺，要理解擲銅板之類的機率事件時，相對頻率確實是關鍵；也就是說，他成功定義了「長期來說，結果會平均分配」裡的「結果」，指的究竟是什麼。白努利發現並證明正確版的平均律，也就是應著眼於相對頻率，而非個別事件。

然而，白努利的成就不僅於此，他還證實了一個「顯而易見」的事實：想要確定或然率，資料愈多愈好。明確來說，他指出隨著資料累積，測得的頻率偏離真實或然率的風險，就會愈低。〔若你對此感到無法完全信服，恭喜你——你發現了為什麼數學家把白努利定理稱之為「弱大數法則」（the Weak Law of Large Numbers）的原因。令人更為信服的「強」大數法則，一直要到距今大約一個世紀前才得到證明。〕

某方面來說，白努利定理是機率事件相關的尋常直覺得到證實的罕見案例。一如他自己的不諱直言，「就算是最愚蠢的人」也知道，資料愈多愈好。不過，只要稍微深入探究，這項定理就會曝露機率的微妙曲折：我們永遠也無法斷言真正的或然率為何，我們最多只能盡量蒐集資料，把錯得離譜的風險，降到某種可以接受的程度。

證明這些是不朽的成就——白努利應該也有這樣的體認，因此他把他的證明稱為「黃金定理」（theorema aureum）。他為或然率跟統計奠定了基礎，讓受隨機影響的原始資料，轉化為可靠的

見解。

黃金定理踢到鐵板

　　身為數學家，白努利在滿足對證明的嗜好後，開始為他的巨著《猜度術》（*Ars Conjectandi*）蒐集構想。他極欲展現黃金定理的實用威力，於是著手應用於處理現實生活問題。就在這時，黃金定理開始失色。

　　根據白努利的定理，只要有足夠的資料，或然率可以達到任何水準的可靠度。這樣一來，一個明顯的問題就是：多少資料才算「足夠」？舉例來說，若我們想知道某人超過某個年紀之後，一年之內死亡的或然率，需要多大的資料庫，才能夠得到可靠度達99％的答案？為了清楚，白努利用他的定理處理一個非常單純的問題。想像有個巨大的罐子，裡頭隨機混雜著一堆黑色石頭和白色石頭；假設罐子裡有2,000顆黑石和3,000顆白石，那麼取出白石的或然率，就是從總數5,000顆的石頭裡，拿出3,000顆白石中的一顆，也就是60％。但若是我們不知道罐子裡的石頭比例（因而不知道拿到白石的或然率），這時要抽出多少顆石頭，才能有信心地推論，結果十分接近真正的或然率？

　　白努利以典型的數學家風格指出，在應用黃金定理之前，必須先界定「十分接近」與「信心」這兩個模糊的概念。首先，「十分接近」表示資料與真實或然率的差距，能夠落在正負5％、正負1％，或是更為接近的範圍內。其次，「信心」則是關乎有多常達到這種精準度。我們可以決定信心水準為10次有9次達到這個

標準（「90％」的信心水準）、100次有99次（「99％」的信心水準），或是更可靠的程度。[3]理想上，我們當然希望有100％的信心，不過就如同黃金定律聲明的，只要是受到機率影響的現象，我們就不可能料事如神般百分之百確定。

黃金定理似乎捕捉到精準度跟信心之間的關係，不只是從某個罐子裡隨機抽出有色石頭的問題是如此，而是任何罐子皆然。於是，白努利想應用黃金定理，解答這個問題：若要有99.9％的信心水準，確定罐子裡黑石與白石的相對比例，誤差落在正負2％的範圍內，到底需要抽多少顆石頭？他把條件輸進定理，啟動數學運算……結果，答案令人震驚：若以隨機抽石頭的方法，必須要檢查超過25,000顆石頭，才能達到白努利設定的水準。

這個數字不但大得令人灰心，而且荒唐。這個答案表示，以隨機取樣推測相對比例，是完全沒有效率的方法：罐子裡不過才幾千顆石頭，卻得反覆查驗超過25,000次，才能達到白努利的設定標準。這麼說，直接把石頭全倒出來一顆一顆數，顯然反而更迅速。白努利對於他的估計值有何想法，歷史學家迄今仍有爭議[4]，一般是認為他必然很失望。不過，可以確定的是，他在註記答案後，又加了幾行字，就停筆了。《猜度術》就這麼塵封無聲，直到他死後八年的1713年才出版。我們很難不猜想，白努利對於黃金定理的實用價值，想必失去了信心。我們知道他熱衷於將黃金定理應用於更為有趣的問題，像是解決案件需要什麼證據才可以「排除合理懷疑」的法律爭議。白努利在寫給傑出的德國數學家萊布尼茲（Gottfried Leibniz）的信函中，似乎表達了對定理的失望之情，承認他找不到應用定理的「合適範例」。

理論與應用的差距

　　無論真相如何，我們如今知道，白努利的定理儘管是觀念上的創見，在數學上還需要一番功夫，才能適用於處理現實問題。在白努利死後，牛頓的朋友、卓越的法國數學家亞伯拉罕‧棣莫弗（Abraham de Moivre，1667-1754）完成了這項工作，讓黃金定理得以在資料量大減的情況下應用。[5] 然而，黃金定理真正的問題根源，在於白努利設定的期望太高。他要求的信心水準跟精準程度，在他或許看似合理，但其實是太過嚴苛。即使根據現代版的黃金定理，也需要隨機抽出約7,000顆石頭，才能達成他要求的標準（這仍然是相當驚人的數量）。

　　奇怪的是，白努利居然沒有想到稍微降低精確度和信心水準，重新計算。即使按照黃金定理的原型，只要降格以求，就會顯著影響所需資料量；若是採用現代版本，影響更大。比方說，若仍然維持白努利設定的99.9％信心水準，但是把精確度從正負2％放寬到3％，觀測數量就會降低超過一半到大約3,000次；或者維持2％的誤差程度，但是把信心水準降到95％，如此能更大幅減少觀測數到大約2,500次，僅為白努利估計所需觀測數量的10％；如果雙管齊下，精確度和信心水準都降低一點，觀測數還會再大幅減至約1,000次。

　　這些比白努利估算出的數字，要容易達成得多，雖然這是以犧牲知識的可靠度為代價。也許白努利不願意降低標準；可惜，我們永遠也不會知道他怎麼想。

　　在經濟學、醫學等許多靠資料說話的學科，95％的信心水準

已成為實際標準。民意調查組織用95％的信心水準，加上正負3％的精確度，就能把訪查群體的標準規模控制在1,000人左右。雖然這些標準廣為採用，但我們永遠不該忘記，它們是為了實用而設，並非足以構成「科學證明」的廣泛共識。

｜這樣思考不犯錯｜

白努利的黃金定理有個暗黑祕密：推測機率事件，不可能百分之百神準；而是通常必須在蒐集更多證據與降低標準之間有所取捨。

04

恐怖新聞？
是你頭腦不夠清楚！

　　平均律的真正意涵實在太常被誤解，甚或嚴重扭曲，以致於機率專家都儘量避免使用這個詞。他們寧可使用「弱大數法則」之類的名詞，聽起來像是某條與群眾相關的不可靠規則，對於表現平均律的真義反而沒什麼幫助。我們在此拆解出平均律的重要元素，統稱為「無法無天定律」。第一定律主要在探討，什麼是思考涉及機率元素事件的最佳方式。

　　無法無天第一定律警告我們，要小心那些完全根據事件原始次數所做出的聲明。這條定律用來對付媒體報導特別有用，像是某種新療法的副作用，或是某小鎮的樂透頭彩中獎率等。這類報導一般都會伴隨著不幸受害者或是幸運贏家的照片，無疑地很有影響力。即使是驚人、單一的現實事件，也能觸發歷史性的政策

無法無天第一定律

要理解機率事件，就不要管原始次數，要關注的是相對頻率：也就是事件發生的次數，除以有機會出現的次數。

轉變——在911事件之後，每個通過海關安檢的人，對此都有切身體會。那種反應有時很適切，不過根據區區幾個案例做成的決定，通常是餿主意。

這樣做的危險在於，那些案例看似典型，實則全然不是那麼回事。那些案例之所以驚人，正因為它們經常是「異數」，也就是極罕見機率的產物。

只要遵循無法無天第一定律，注意事件的相對頻率，也就是原始次數除以能夠發生的次數，就能避開這類陷阱。

害死人的疫苗？

在此舉一個現實生活範例，以應用這條定律。2008年，英國政府決定，13歲以下的女孩要接種人類乳突病毒（HPV）疫苗，以防治子宮頸癌。這項全國計畫受到民眾讚賞，認為每年可拯救數百位女性的生命。然而，計畫推行後不久，媒體似乎有極具說服力的證據，證明這種看法太過樂觀。媒體報導，14歲女孩娜塔莉·摩頓（Natalie Morton）在接種疫苗後數小時死亡。衛生當

局的反應是檢查疫苗庫存，回收可能有問題的疫苗。然而，有人覺得這樣做還不夠，要求中止大規模的接種疫苗計畫。這個要求合理嗎？有些人會堅持引用所謂的「預防性原則」，簡單說就是「小心駛得萬年船」。然而，這裡的風險在於，解決了一個問題，卻製造出另一個問題：計畫喊停雖然能消除接種者死亡的全部風險，子宮頸癌的問題卻仍然沒有解決。

此外還有一種風險，是一個值得認識的陷阱（本書後文也還會再遇到）。邏輯學家把這個陷阱稱為「後此謬誤」（Post hoc, ergo propter hoc），即「因為發生在後，就以為有因果關係」。以娜塔莉的死亡為例，陷阱就在於有人可能會因為她在接種疫苗後死亡，就認為接種疫苗必然是死因。事情必然是先有因，後有果；然而把這個邏輯反轉過來，卻有其危險：車禍事件的受害者，出發前通通有繫安全帶，但這可不表示繫安全帶會導致車禍。

不過，我們姑且設想最糟的狀況：娜塔莉的死亡，真的是對疫苗的不良反應所造成。根據無法無天第一定律，理解這類事件的最佳方式是著眼於相關比例，而不是個別案例。這個事件的相關比例是多少？娜塔莉死亡時，已有130萬名女孩接種了同樣的疫苗，這表示死亡事件的相對頻率，大約是100萬分之1。這個比例說服了英國政府，儘管面對反接種人士的抗議，還是在把可能有問題的疫苗回收後，繼續推動這項計畫。若娜塔莉果真是對疫苗產生罕見反應而喪命，政府採取的回應行動也屬合理。

娜塔莉的驗屍結果顯示，她的胸部有惡性腫瘤，死亡與接種疫苗無關。因此，娜塔莉的死亡不是罕見的疫苗反應，是媒體落入了後此謬誤的陷阱。即使如此，根據第一定律，當局回收可能

有問題的疫苗，而不是撤銷整個計畫，是正確的做法。

當然，第一定律不能保證這就是真相。娜塔莉可能是原發病例，是疫苗測試時未曾出現過的反應。深入研究這個案例的成因，尋找是否可能會出現更多案例的證據，顯然是正確的做法。第一定律是防止我們受個別案例影響過度，轉而注意相對頻率，並在正確的脈絡下看待這類案例。

只因為發生少數一次性事件，就決心做些「改善」的經理人、行政主管與政治人物，可以從這個案例學到更多課題。他們若忽略了無法無天第一定律，等於甘冒因極罕見事件而採取行動的風險。更糟的是，他們可能會根據罕見案例的「改進」，對同樣很少的資料組進行測試，又把注意力放在原始次數而非相對頻率，從而得出錯得離譜的結論。從頻繁發生的客訴到員工建議全盤改變工作方法，全都可能起因於少數不見得重要的傳聞。你第一件該做的，就是在適當的脈絡下看這些事，也就是將事件轉化成適當的相對頻率。

受到神秘詛咒的公司？

解讀事件有時必須比較相對頻率。1980年代，位於英國的國防包商馬可尼通用電氣（GEC-Marconi），因為一連二十多起技術人員自殺、死亡與失蹤案件，成為媒體報導焦點。開始有人提出陰謀論，而有些受害人參與機密計畫的事實，更使得這種論調甚囂塵上。雖然這些傳聞很引人入勝，不過第一定律告訴我們，應該無視於小道消息，把注意力放在相對頻率上——在這個案例

中，就是比較馬可尼發生特殊事件，以及預期一般大眾發生特殊事件的相對頻率。一經比較就會發現，馬可尼是一家員工超過三萬人的大型公司，而那些死亡案例是在八年內陸續發生的；這表示以馬可尼的規模，那些「神秘」的死亡和失蹤案，也許並不值得大驚小怪。最起碼警方的後續調查結論就如此，不過陰謀論一直到今日還未平息。

平心而論，媒體近來已經開始注意比較相對頻率的重要性。2010年，法國電信公司（France Telecom）登上頭版，因為它在2008年到2009年間，發生了30起自殺案件，次數媲美馬可尼。2014年，這家當時已改名為橘子電信（Orange Telecom）的公司，短短數個月內又出現10起自殺案，舊帳也因此再被翻出來。這一回的解釋是工作壓力，不過與報導馬可尼案件時截然不同的是，有些記者提到了第一定律的關鍵問題：以一家員工約100,000人的大型公司，這些自殺案件的發生頻率（而不是發生次數），是否真有異常？

然而這就引出在應用第一定律時經常出現的棘手問題：該用什麼樣的相對頻率比較才適當？以橘子電信來說，是用全國自殺率（法國的自殺率是出名地高，比歐盟平均值高出40％）？還是用某個特定數字，如某個年齡層的自殺率（在法國，自殺是25歲到34歲的主要死因）？或是採用某個社經族群的自殺率？橘子電信案件尚未裁決；有人說這可能是統計上的異常，有人則堅稱工作壓力是自殺的真凶。真相很有可能永遠無法大白。

無論真相如何，第一定律都告訴我們，要解讀這類問題，應該要從哪裡著手。第一定律也能預測，舉凡政府公共衛生運動、

百慕達奇案

解讀詭異言論和陰謀論時，第一定律特別管用。

就以惡名昭彰的百慕達三角為例。百慕達三角位於西大西洋，船隻和飛機經常在那裡失蹤。自1950年代以來，有無數報告指出，船隻飛機一旦進入由邁阿密、波多黎各和百慕達島所構成的三角形區域，就厄運難逃。世人提出許多理論解釋這些事件，從幽浮攻擊到瘋狗浪都有。現在，根據無法無天第一定律，不要著眼於「離奇」失蹤的原始次數，而是要和大西洋其他區域發生失蹤案件的相對頻率比較。如此一來，你會驚奇地發現：所有那些原因不明的失蹤案件，完全有可能發生。

每年有數萬艘船隻飛機，穿越這塊廣達100萬平方公里的領空和海域，即使把所有無法解釋的怪事都算進來，百慕達三角甚至擠不進全世界十大危險海洋區。世界知名保險集團勞合社（Lloyd's of London）精明的保險精算師，當然不會因為百慕達「離奇」傳聞的原始次數而不安。他們並沒有因為船隻或飛機勇闖百慕達而加收保險費用。

跨國企業聘僱員工等任何事，只要牽扯的人夠多，就有成為頭條新聞的潛能，儘管佐證的事件看似有說服力，究其實卻沒有太大意義。

不信你自己試試。下次聽到某項普遍為善、但可能對某些人產生強烈負面副作用的全國運動（比如大規模投藥等），不妨留意一下，等到出現恐怖的事故，再搬出第一定律剖析一番。

這樣思考不犯錯

看似極不可能發生的機率事件發生時，使人震驚。無法無天第一定律告訴我們，不要理睬事件的原始次數，要著重的是相對頻率，以掌握該事件的或然率。只要有足夠的機會，或然率再低的事件也會發生。

05
是美麗巧合，
還是自欺欺人？

1992年7月，蘇·漢彌爾頓（Sue Hamilton）在多佛（Dover）的辦公室做文書作業時碰到了問題。她覺得同事傑森可能會知道如何解決，但是他已經回家了，所以她決定打電話給傑森。她在辦公室的布告欄找到傑森的電話號碼；電話接通後，她先道聲不好意思，在他回家後還打擾他，接著解釋她碰到的問題。但是，話說沒幾句，傑森就打斷她，說他其實還沒到家，現正在公共電話亭裡。原來，公共電話在他路過電話亭時響起，他一時興起就接起來聽。令人驚奇的是，布告欄上的號碼，根本就不是傑森的住家電話，而是員工編號——剛好就和傑森路過的公共電話號碼一模一樣！

不是造化弄人，是巧合唬人

巧合的故事，人人都愛。這些故事似乎暗示，事件跟我們之間，有些受到神祕定律支配的微妙關聯。確實如此，我們之間藏有無數關聯，然而那些關聯之所以隱而未現，主要是因為我們根本未曾去尋找。支配那些關聯的定律確實也很神祕，不過同樣主要是因為，很少有人告訴我們那些定律。

巧合是「無法無天第一定律」的一種呈現方式，只是有點曲折。因為定律告訴我們如何合理解讀機率事件，但巧合卻警示我們，解讀合理有多困難。

「驚人」的巧合出現時，根據第一定律，首先要問事件的相對頻率，也就是驚人巧合的發生次數，除以這類事件有機會發生的次數。真正驚人的巧合，事件發生的或然率應該極低。不過，一旦把這條定律應用在漢彌爾頓電話這類巧合時，卻會碰上麻煩。

到底要如何估算驚人事件的次數，或是有機會發生的次數？怎麼樣才稱得上「驚人」？「驚人」顯然沒有客觀定義，換句話說，堅稱我們的經歷意義非凡，這種主張其實站不住腳。偉大的已故諾貝爾獎物理學家費曼（Richard Feynman），就曾以一個尋常例子，點出巧合的常見特點。他在一場探討如何解讀證據的講座中告訴聽眾：「嘿，今晚有一件最驚人的事發生在我身上。我在來這場講座的路上，穿越一座停車場。你們一定不相信發生了什麼事：我看到一輛車，車牌號碼是 ARW 357。你能想像嗎？整個州有數百萬個車牌，我在今晚看到這一組號碼的機率是多少？實在太驚奇了！」

　　事情就麻煩在，我們通常是事後評估才會認為巧合「驚人」，而這種評估經常嚴重誤導。巨蟒劇團（Monty Python）有齣根據威廉・泰爾傳說所作的短劇，完美捕捉到事後合理化的危險。短劇裡有群民眾聚集在英雄威廉・泰爾身邊，他小心翼翼，弓箭瞄準放在他兒子頭上的蘋果，一箭射中目標。群眾自然為他歡呼，他的箭法令人佩服。等到鏡頭拉長，我們才看到他兒子渾身都是先前射偏的箭。

　　威廉・泰爾的箭法，只有在完全無視失敗的嘗試時，才顯得驚人。巧合也是同樣的道理，在現實生活中，巧合其實一直不斷發生，然而絕大多數都既無聊而不重要。我們偶爾注意到某個巧合，認為和一箭把蘋果射成兩半一樣難得，就宣稱這件事驚人到甚至有些詭異，刻意無視其他無數較不耐人尋味的事件。

尋找，就能尋見

　　這一切都說明了一個事實：人類天生就愛尋找模式，想在無意義的噪音中看出意涵。人類的穴居祖先一發現神似獵食動物的蛛絲馬跡，立刻就躲藏起來，安全至上，這樣做無疑有利於生存。然而這也極易落入心理學家所稱的「錯覺聯想」（apophenia），也就是先入為主，看到根本不存在的模式。人特別容易產生一種叫做「空想錯視」（pareidolia）的錯覺，例如媒體三不五時就會報導，有人聲稱在雲朵形狀、烤土司的焦痕，或是Google地圖的地貌，看到了神似耶穌基督、德蕾莎修女，或是社交名媛金・卡達夏（Kim Kardashian）的「奇蹟圖案」，而你很

難否認那些圖案看起來真的很像。我們對這類「奇蹟」有多當真，取決於我們是否認為，這些圖案單純出於僥倖的機率，確實低到幾乎不可能。要應用無法無天第一定律，就必須正視大腦有無數方式，可以把隨機形成的雲朵看成一張臉。

　　所謂的「火星人臉」，是空想錯視最知名的案例之一。1976年，NASA一架飛往火星的探測器傳回一張照片，看來像是火星

如何預測巧合

　　所謂的「生日矛盾」，是機率定律最令人費解的現象之一：只需要23個人，其中兩人同一天生日的機率，就會大於50%。不過你不需要湊到這麼多人，才能展現這個巧合：只要隨機把五個人湊在一起，其中至少兩人同星座的機率就有一半（如果你是理性的處女座，不喜歡這麼蠢的例子，換成兩個人同一個月出生也行）。只需要這麼少人的原因在於，團體裡人的配對有很多種（例如23個人就能構成253種配對），而你要的只是其中任何一種。關鍵在於配對要求有多具體：若你想要有人跟你的生日完全一樣，就得要超過250人才能有超過一半的機率。如果不這麼講究，只要求任何兩個人的生日相差一日之內，巧合發生的機率就會大增：任何一場足球比賽，兩個參賽球員生日「差一點」的機率高達90%。[1]

出現了外星人。這張照片引發一場長達25年的爭議。大多數科學家斥此為無稽之談；有些人嘗試估算在純巧合下產生這麼一張神似臉孔的機率；但又有人對他們計算相對頻率時所用的數字有意見；爭論因此無止無盡。到了2001年總算真相大白：NASA的火星全球探勘者號（Mars Global Surveyor）拍下清晰影像，顯示那張「臉」就如同懷疑者聲稱的，實際上不過是露出的岩脈。

當我們嘗試解讀巧合時，很容易低估所謂「驚人」的事件究竟有多稀鬆平常。更別說我們經常是看到事件之後，才定義它究竟有多驚人。

這種「驚人」根本是自欺欺人。

｜這樣思考不犯錯｜

巧合令人訝異，因為我們覺得巧合極不可能，因此不可能「純屬僥倖」。無法無天第一定律警告我們，若只憑感覺決定何謂「驚人」，很可能會低估巧合發生的機率。

06

六顆雙黃蛋的啟示

2013年9月的某一天，在英國德比郡（Derbyshire）布瑞德薩爾（Breadsall）市，人在家中廚房的約翰・溫菲德（John Winfield）需要幾顆蛋，於是匆匆出門，到商店買了一盒六顆蛋。回家打蛋時，他驚訝地發現，第一顆蛋竟然有兩個蛋黃，他這輩子從沒見過這種事。接著，他又打了另一顆蛋，這次也是兩個蛋黃。驚奇之餘，他繼續打蛋，結果每一顆蛋都有兩個蛋黃，就連因為興奮失手掉到地上的最後那顆也不例外。

誰是超級幸運兒？

記者報導了這起連續六顆雙蛋黃的驚奇案例，也很幫忙

地算出機率有多微乎其微。根據英國蛋資訊服務（British Egg Information Service）的資料，平均來說，每1,000顆蛋只有一顆是雙蛋黃。於是，記者拿起計算機，再憑著記得不是很牢靠的或然率概念，算出六顆雙蛋黃的機率是1/1,000自乘六次，也就是100萬兆分之1。這可是天文數字：具體而言，如果想目睹溫菲德先生見到的事，就得從宇宙誕生開始，每一秒都打開一盒雞蛋，才有可能見到一次。

當然也有記者察覺到這個推論有些蹊蹺。首先，溫菲德先生不太可能是開天闢地以來第一個看到這種事的人。網路上很快就能搜尋到好幾則類似報導，其中有一則也是六顆雙黃蛋，就發生在坎布里亞郡（Cumbria），不過是三年前的事。科普作家麥可・漢隆（Michael Hanlon）在《每日郵報》（*Daily Mail*）上，質疑計算機率所使用的數字1/1,000。[1] 他指出，產下多黃蛋的機率，受母雞年齡的影響相當大；年輕母雞產下多黃蛋的機率，比老母雞高出十倍。因此，雖然1/1,000這個平均數字可能沒有錯，飼養年輕母雞的農場，產生雙黃蛋的機率很有可能是1/100。如此一來，從這種農場拿到一盒六顆蛋都是雙蛋黃的機率，就會提高至少100萬倍。

然而即使如此，拿到六顆雙黃蛋的機率仍然大約是1兆分之1，無法完全解釋這個現象。英國每年要消耗大約200億盒六顆裝的蛋，因此即使機率大為提升，我們仍然只能預期每一千年只會出現大約兩則這種案例，而不是短短三年內就有兩次。極為離譜的答案是計算背後的假設必然有重大瑕疵的徵兆。這個案例有個重要假設，就是每個單獨事件，或然率可以相乘。或然率定律指

無法無天第二定律

解讀看似「隨機」的事件時，不要自動假設它們為獨立事件。世界上有許多事件並非獨立事件；若假設它們是獨立事件，機率的估計結果有時會極其誤導。

出，只有在事件（在此即雙黃蛋）彼此獨立時，才可以把或然率相乘，不必針對外在影響修正。

獨立思考獨立事件

獨立事件的概念深植於機率理論。機率的許多標準呈現形式，如反覆擲銅板或骰子，確實是獨立事件，沒有理由懷疑這類事件會彼此影響。然而，儘管獨立事件的假設，讓數學計算變得單純，我們卻絕對不能忘記，這只不過是個假設。有時候這是安全無虞的假設，例如用於解釋板球選手納瑟·侯塞因（Nasser Hussain）在 2001 年連續 14 次擲輸銅板的「倒楣透頂」傳奇；儘管這件事的機率只有 1/16,000，卻全然沒有可疑之處——只要想想幾十年來，有多少頂尖的板球隊長擲過銅板，顯然這是早晚會發生的事。不過，獨立事件的假設，有太多時候根本不合格。這是一個萬事萬物錯綜複雜、彼此關聯的紛雜世界。有些關聯是出於物理定律，有些是生物定律，有些則是人類心理所致。無論這些

關聯的成因是什麼,輕率地假設這些關聯不存在,會帶來麻煩。輕率假設的後果如此嚴重,我們因而要搬出另一條「無法無天定律」。

根據第二定律,我們看到雙黃蛋事件時要思考的是,有哪些原因會讓一盒蛋裡裝進好幾顆雙黃蛋。如同前述,其中一個原因是盒子裡裝的蛋是由年輕母雞所產,牠們本來就比較容易產下雙黃蛋。其次,雙黃蛋也可能被負責包裝的人一併包裝,增加一整盒都是雙黃蛋的機率。這事也是有的:相對而言,雙黃蛋通常較大,也較顯眼,因此較容易被包裝在一起。有些超市甚至證實,他們會把可能有雙蛋黃的蛋裝在一起。

破解鐵達尼預言

因此我們有非常扎實的根據認為,發現一顆雙蛋黃,的確會增加在同一盒裡,發現另一顆雙蛋黃的機率——因此就可以拒絕這是獨立事件的想法,以及這樣的想法引申出來的驚人機率。就如同第一定律一樣,第二定律也有各種用途,能解釋一些看似詭異的巧合。以1912年4月鐵達尼號(Titanic)事件為例,有人說早在船難發生的14年前,已經有一本書精準預言種種細節:美國作家摩根・羅伯森(Morgan Robertson)1898年出版的短篇故事〈徒勞無功〉(Futility),敘述一個名叫約翰・羅蘭德(John Rowland)的甲板水手故事;他在史上最大艘船隻上工作,4月某個夜晚,船在於北大西洋撞上冰山沉沒,造成重大死傷。猜猜看這艘船叫什麼名字?「泰坦號」(SS Titan,意為「巨無霸」)。兩件事的雷同

之處不只於此。在羅伯森筆下，這艘船全長240公尺，跟鐵達尼號差不多；它被譽為「不沉之船」；而船上搭載的救生艇，不到船上人員所需的一半；它甚至跟鐵達尼號一樣，都是右舷撞上冰山。

這一連串的巧合當然令人驚嘆，讓人不禁懷疑羅伯森寫作本書時，是否感應到什麼預兆。也許他真的有所感應，但還不如說故事劇情正好展現非獨立事件會造成何等的巧合。〈徒勞無功〉發表時，國際間已經展開打造巨無霸客輪的比賽，競逐頒給最快速大西洋客輪的藍絲帶獎（Blue Riband）。十九世紀最後十年，最大型的船隻已從全長大約170公尺，增加到遠超過200公尺，因此240公尺顯然並非不可能。至於這種龐然大物會發生什麼大災難，當時已有人發覺冰山會是一大威脅。至於救生艇數量不足的問題，當時也有人提出警告，相關規範未能跟上船隻規模迅速增長的速度。此外，撞上冰山的是左舷還是右舷，猜對的機率顯然是一半。至於羅伯森為筆下厄運纏身之船所選的名字，也沒什麼好訝異：如果要為一艘巨無霸船隻取個響亮的名號，「泰坦號」顯然會比「侏儒號」之類的名字更容易出線。

簡而言之，羅伯森想寫一個巨船的船難悲劇故事，故事要寫得逼真，多少會納入與鐵達尼號相近的事件跟特徵。因此他的寫作在選材上，根本就不是隨機的獨立事件。

∣這樣思考不犯錯∣

機率的標準呈現形式，如擲銅板，可以假設是獨立事件。不過在現實世界，即使是看似罕見的事件，假設為獨立事件經常很

危險。無法無天第二定律警告我們，在估算一系列巧合發生的機率時，不要自動假設這些事件是獨立的。

07

樂透彩陰謀論

　　佛羅里達州的州立樂透彩，自1988年開始發行以來，已派出超過370億美元的彩金，創造了1,300多名百萬美元富翁，還幫助超過650,000名學生上大專院校。然而在2011年3月21日，樂透彩卻使許多佛羅里達州民變成陰謀論者。州民早就存疑多年，直到這天傍晚終於覺得鐵證如山，說明為什麼樂透買了這麼多年，卻不曾贏得任何彩金：因為樂透彩被動了手腳。他們的證據著實令人印象深刻。

　　「夢幻五」（Fantasy 5）樂透每天傍晚開獎。36個彩球放在一台機器裡，隨機選出五個中獎彩球——至少開彩單位如此宣稱。不過，2011年3月21日，顯然有人動了手腳。開獎時，彩球一個個從機器裡跳出，結果一點也不隨機：中獎號碼是14、15、16、

17、18。死忠的樂透迷都知道，任何隨機選號中頭彩的機率，大約是 1/377,000，所以這組號碼顯然極為可疑。

樂透作弊？是你不懂隨機的真義

然而，這組中獎號碼的出現，其實再稀鬆平常不過。這件事顯示，大多數人並沒有掌握到「隨機」真正的意義。

我們都自認能夠從經驗中學習。以隨機事件的普遍程度，你可能會以為，人看到隨機事件應該會見怪不怪。大錯特錯。如果要為隨機性下定義，人們通常會說「沒有規律或道理可言」、「沒有模式可言」之類的——這些答案不算差，最起碼有點道理。不過，要把這些直覺答案應用在現實生活的問題時，一般人的反應就開始走樣。

1970 年代，加拿大麥克馬斯特大學（McMaster University）心理學家諾曼・金斯伯格（Norman Ginsburg）曾經有項研究是要求受測者隨機寫下 100 個連續數字。大多數受測者都能寫出毫無規則的數列，只出現少數幾個重複、連號或是任何模式。換句話說，受測者都會盡其所能確保每個數字都有「公平機會」，出現在這串毫無模式可言的數列中。但這項測試也正好反映出，受測者對於隨機性的根本誤解。

隨機確實沒有規律或道理可言：按照定義，隨機不是任何可預測過程所產生的結果。隨機確實也沒有模式可言。問題在於，只有極大規模才能保證隨機（嚴格來說是無限大）。在非極大規模下，欠缺規律或道理的隨機，完全有可能出現包含固定模式的序

列，而且序列有可能長到看起來有顯著性。然而，當我們應要求製造隨機性時，就是無法不反映隨機不具模式的本質，即使在最短的區間裡也一樣。

我們需要經常接觸短暫剎那的隨機，才能體會隨機在小規模下的面貌。幸好這事不難辦到，全世界有數百萬人每週都在不知不覺下歷經好幾次——那就是坐在電視機前看樂透開獎。

許多國家都有全國性樂透，做為募集慈善基金之用。大多數人轉開電視看開獎，只是想看自己有沒有中頭彩。由於中獎機率通常是數百萬分之一，結果通常徒勞無功。然而，即使是一張樂透彩券也沒買的人，偶爾看電視轉播開獎，也能見識到隨機的力量，如何讓開獎號碼顯現可疑的模式。

許多國家的樂透（包括直到最近才改變的英國全國樂透在內）都是「49選6」：要贏得樂透，就得猜中機器會從49顆彩球中隨機抽出哪6顆球。聽起來好像沒有很困難，奇怪的是你很難不覺得猜中的機率應該是6/49，或是約1/8。不過，就像大多賭博（那正是樂透的本質），這是一種誤解。真正的中獎機率遠遠低得多。如果49顆球裡只有6顆有數字，中獎只需抽到這6顆球裡的其中一顆，那麼1/8就沒有錯。然而，中樂透的條件要比這困難得多：我們要從49顆球裡，把6顆正確的球都抽出來，每顆球都有它們自己的號碼。要做到這件事，機率真的非常渺茫，大約是1,400萬分之1。為什麼這麼低？因為我們挑出第一個正確號碼的機率是1/49，從機器裡剩下的48顆球裡，挑出第二個正確號碼的機率是1/48；挑出第三個正確號碼的機率是1/47；以此類推，一直到挑出第六個正確號碼的機率是1/44。機器是隨機選球，每次選球都是

獨立事件,因此猜中任何號碼組所有六顆球的或然率,就是把這些或然率相乘起來,即$(1/49) \times (1/48) \times (1/47) \times (1/46) \times (1/45) \times (1/44)$,計算結果差不多是100億分之1。樂透業者還算厚道,沒有刁難我們,因為中獎不需猜中六顆球從機器裡抽出來的順序。這6顆球可能的順序有720種,任何一種都可以(例如2、5、11、34、41、44,或是34、2、5、11、44、41,都可以)。如此一來,中獎機率就是約100億分之1乘以720,約為1,400萬分之1。如果你覺得這個機率不算太差,請想像以下畫面:這相當於樂透業者把10袋1公斤重的白糖倒在地板上,要你從糖堆裡挑出一粒他們染成黑色的糖──此外,你只有一次機會,而且得戴上矇眼布──祝你好運!

所以,即使有生之年都玩樂透,仍然很有可能永遠也中不了頭獎。平均來說,英國的樂透玩家看完開彩、致電彩券公司說自己中了頭獎,在這半小時內突然死掉的機率,比中頭獎的機率高。不過在週復一週令人夢碎的數字背後,潛藏著關於隨機的重

無法無天第三定律

真正的隨機沒有規律或道理,也沒有模式。但這不表示在每種規模下,隨機事件都毫無模式可言。以我們碰到的規模,隨機確實有可能出現規律,引誘我們追尋規則模式的心智。

要課題。這個課題如此重要，值得為它立一條無法無天定律。

經常收看樂透開彩的電視轉播，就能證明這條定律；一條更快的捷徑，就是在線上資料庫查找過去的頭彩組合號碼。隨機抽查連續幾週全國樂透的六個中獎號碼，不會發現任何明顯的模式，似乎可以證實隨機性在任何規模下確實沒有模式可言。舉例來說，以下是2014年6月抽出的八組中獎號碼：

14, 19, 30, 31, 47, 48
5, 10, 16, 23, 31, 44
11, 13, 14, 28, 40, 42
9, 18, 22, 23, 29, 33
10, 11, 18, 23, 26, 37
3, 7, 13, 17, 27, 40
5, 15, 19, 25, 34, 36
8, 12, 28, 30, 43, 39

乍看之下，這似乎是48個沒有明顯模式、偏向或序列的號碼，完全一如我們預期。但若再看一次，尋找兩個連號，八組數字中就有四組含有這種「模式」，第一組數字甚至出現兩次這種「模式」。這實在是微不足道的模式，即使是尋找模式能力高強的現代智人，也不一定會發現，因此你很有可能也沒看出來。這種暗示模式存在、遵循某些定律的線索，正是隨機性愚弄我們的把戲——這一切似乎都違反我們對隨機的信念。然而，只要運用數學上的組合學（combinatorics），就能計算六個中獎數字出現不

同長度連號的方式有多少種，答案是：「49選6」的樂透中獎號碼組，可預期有一半出現至少兩個連號。因此前述八組中獎號碼裡，可預期約有四組號碼出現兩個以上的連號，而現實結果正是如此。如果不怕麻煩，繼續檢查下去，就會發現大多數月份都是如此。

如果現在有人覺得以上有助於預測每週的中獎號碼，請別忘了，我們仍然不知道哪兩個或哪幾個號碼會連號，但那是隨機而無法預測的。我們只知道會出現兩個或更多連號。即便如此，我們還是學到關於隨機模式非常重要的啟示。首先，模式不但可能在隨機下出現，事實上還普遍得驚人，出現頻率也能計算。再者，很多隨機樣本（包括樂透）經常顯現出模式，只是我們沒發現罷了，因為我們先入為主認為它們「不顯著」。換句話說，我們必須對隨機裡的「顯著」模式非常當心，因為模式有個特質就是情人眼中出西施。最後，對隨機下想看到的現象，定義愈具體，出現的機率愈低（例如，六個中頭彩的號碼），但若界定愈模糊（例如，任兩個連號），出現機率就愈高。

只要在樂透獎號的隨機樣本尋找其他模式，就能讓以上三個啟示全部奏效。2008年7月12日，全國樂透第1,310次開獎，隨機化機器裡的49顆球抽出的6顆球裡，竟然出現27、28、29、30四個連號，讓目睹的觀眾驚訝無比。一個月後，這台樂透機又吐出其他模式，六顆球出現三個連號：5、9、10、11、23、26。雖然這比單純的二連號更驚人，不過仍然極為稀鬆平常，不只是因為我們不會為了三連號或四連號而大驚小怪。根據組合學計算，即使是驚人的四連號，平均約每開獎350次就該出現一次——所以

真正驚人的，或許應該是為什麼要等1,300多次，才第一次出現四連號（當然，在那之後又出現了好幾次）。

隨機，就是不講道理

有了以上觀念後，佛羅里達州2011年3月21日的「驚奇五」開獎五連號，看起來應該就不再那麼驚人。這裡仍然沒有限定5個號碼必須符合特定一種排列，因此較容易達標。算出可能的組合數，更容易看出這個道理。按照英國樂透例子的推論，從佛羅里達州「驚奇五」的36顆彩球任意抽出5顆，如果要求排列順序正確，中獎號碼大約有4,500萬種。樂透業者在此同樣網開一面，5顆球有120種排列順序，任何一種都算中獎，因此中獎號碼大約有37萬5千種。但是這些組合裡只有部分是完全連號：第一組是{1、2、3、4、5}，第二組是{2、3、4、5、6}，一直到{32、33、34、35、36}為止。這樣的連號組合只有32組，因此五連號的或然率是375,000分之32，等於是12,000分之1。由於開彩是一週七日、全年無休，這表示我們可以預期，大約每隔30年會出現一次五連號。只要讓隨機性有足夠的時間發揮，什麼事情都有可能發生。就佛羅里達樂透彩來說，第一次五連號在23年後發生，時間稍微早了點，不過不算太誇張。

從樂透可以學到關於隨機另一個更寶貴的課題——發生在某次英國樂透開出四連號後不久：首先開出9、10、11的三連號，隔週又開出32、33、34的三連號，緊接著下一週再開出33、34、35的三連號。

我們要如何解釋這一連串的模式呢？答案是不必解釋。這類連串模式會出現，只是隨機性驚人的某個真面目。根據組合學計算，長期而言，這種樂透每開獎26次就會出現一次這樣的三連號。然而一如往常，隨機性沒有規律或道理可言，三連號也不會死板地按照這個頻率出現。有時候三連號會隔很久才出現，

有時候則像2008年時那般連串出現。只有陰謀論者才會在連串現象裡看到不尋常之處。不過，當隨機產生的不是樂透數字，而是某城鎮的癌症病例數，那就是另外一回事了。這些模式也許有玄機，也許沒有，但我們還是要切記，隨機性不費吹灰之力就能製造模式，甚至會串連出現。

樂透開獎的妙事，有時就連數學家也會莞爾。英國樂透在2008年7月和8月間，出現一些簡單的模式後，在9月3日開出迄今堪稱最精巧的模式：3、5、7、9，四個奇數連號。在那之後，英國樂透又連著好幾個月，回歸到隨機「理應」產生的結果，即無聊、平淡、沒有模式可言。

許多數學家認為玩樂透愚蠢至極。他們指出贏頭彩的機率極其低（還記得十袋白糖和一顆染黑的糖粒嗎？），也指出樂透的設計，一般必須花費比平均彩金更多的錢購買彩券，才能夠有相當的機率中獎。數學家說的沒錯，但你也可以主張，頭彩獎金是天文數字，而付錢買一張彩券，等於把中頭彩的機率從0提升到1,400萬分之1，對個人財富可是影響甚鉅。但就如同本文所述，雖然玩樂透是「想贏就得花錢」的事，樂透關於隨機的寶貴課題，卻是免費就能學到。

｜這樣思考不犯錯｜

　　我們大多認為自己知道隨機的樣貌：循規蹈矩，完全欠缺模式或是連串模式。但出現各樣模式、連串模式的樂透開獎數字，正好說明事實完全不是如此。不過，雖然這些模式的發生頻率可以預測，它們的精確本質卻永遠無法測度。

08

電玩會殺人？牛仔褲也是！

　　2014年5月，英國大曼徹斯特郡（Greater Manchester）哈爾村（Hale）發生了一起自殺案。16歲的青少年威廉‧曼齊斯（William Menzies）在自己房間裡讓自己窒息而死。曼齊斯是個名列前茅的優等生，沒有什麼明顯問題。不過驗屍官注意到一個關連，因而憂心忡忡：這起悲劇與另外兩起他經手的青少年自殺案，受害者都是在打過電玩遊戲後自殺；這款電玩遊戲不是別的，正是最暢銷的虛擬戰爭遊戲「決勝時刻」（Call of Duty）。

　　「決勝時刻」的數百萬名粉絲以及批評者，都知道這個遊戲有身歷其境的真實感。惡名昭彰的孤狼恐怖份子安德斯‧布雷維克（Anders Breivik）聲稱，2011年7月某天他在挪威屠殺77人之前，就是用這款遊戲做訓練。「決勝時刻」是否太過寫實，從而觸

發歷經真實戰鬥後相同的副作用，如創傷後壓力心理障礙症、憂鬱症，甚至自殺念頭等？驗屍官十分擔心這個風險，因此發出警告，促請為人父母者讓孩子遠離這類遊戲。

並不是所有人都認同這套邏輯。牛津大學網路研究所的實驗心理學家安德魯・普茲比斯基博士（Andrew Przybylski）就持懷疑論調。他指出，英國有幾百萬名青少年在玩「決勝時刻」，所以若自殺的青少年有人有這款遊戲，稱不上有多令人驚訝。普茲比斯基博士用一個比喻強調他的論點：很多青少年穿牛仔褲，所以自殺的青少年有很多在自殺時穿著牛仔褲，是非常有可能的事；但若說穿牛仔褲會導致自殺，這說得通嗎？

相關與因果的辨析

這樣一說，這類論點為何不合理，原因就很清楚了。首先，要確立 X 與 Y 之間的因果關聯，這類論點只著眼於部分原因，觀照不夠周嚴；也就是說，它們只看到自殺青少年最近玩過「決勝時刻」的或然率特別高，但我們怎麼知道何等的或然率才算高？唯一的辦法是在整體脈絡下看──也就是和最近玩過「決勝時刻」但沒有自殺的青少年做比較。而像青少年玩「決勝時刻」這樣稀鬆平常的事，我們幾乎可以確定，活得無憂無慮的青少年玩「決勝時刻」的比例，一定也很高。

這裡點出一個重要通則：若 X 事件非常普遍，要斷言 X 事件造成 Y 事件，必須非常謹慎。反過來說也成立：若某個現象非常普遍，要把它歸咎於某個成因，也得非常小心──因為一個普遍

的現象，很可能有多重成因。一個經典案例，就是在英國登上頭條的公共衛生爭議。

史塔汀（Statin）為降血脂藥，對於罹患心臟疾病風險相對較高的病患，經證實可減少他們的死亡風險；因此有醫學專家建議，即使是罹患心臟疾病風險很低、甚至沒有風險的人，也應該服用，做為預防措施。這項提議引起專家和病人的激烈論戰。有些人認為，這是朝向大眾的「醫藥化」，也就是以藥物取代健康生活的追求。不過，大多數人關切的焦點，在於服用史塔汀的人極多出現疲倦、肌肉痠痛跟疼痛的症狀。儘管這類症狀帶來的苦痛無可忽視，有些人主張，若能降低短壽風險，這樣的代價微不足道。但無可否認的是，這些症狀實在極為普遍，因此有人開始懷疑，這些症狀跟史塔汀的關聯，可能完全是子虛烏有。

最近有項納入超過80,000名病患的研究，剛好可以分析這種可能性。[1] 這些研究都是「雙盲」，即病患和研究者都不知道哪些人服用史塔汀，哪些人服用安慰劑。資料顯示，服用史塔汀的人，有大約3％確實出現疲倦症狀，出現肌肉痠痛的人更是多達8％。所有人對這些數據都很憂心，直到發現服用安慰劑的病患產生這兩種症狀的比例，跟服用史塔汀的病患完全一樣。換句話說，服用史塔汀沒有理由導致副作用的風險增加。這些副作用只不過太常見，所以服用史塔汀同時產生疲倦、痠痛跟疼痛的機率，相對較高；而我們也完全可以理解，一定有人會歸因於藥物。

或許這樣歸因是人之常情，但卻不能成立，除非能排除誤把無所不在的現象當成肇事原因的風險。有時候，要做到這點，需要用巨量資料進行全面的科學研究。

動物實驗到底有沒有意義？

奇怪的是，有一類科學研究就是立基於這種有瑕疵的推論過程，那也是實驗科學最具爭議的議題：用動物做實驗。毫無疑問，動物實驗對於外科手術、癌症研究等許多醫學領域很重要；不過，如此使用動物，確實已在贊成與反對活體解剖的陣營，激起強烈反應。由此而起的論戰熱烈無比，雙方你來我往，各執一詞。支持使用動物實驗的一方，有個近乎護身符般的有力論點：上個世紀的「每項」醫學成就，「幾乎」都靠某種程度的動物研究才能完成。

儘管這個論點被許多卓越的研究者引用，其中包括執英國科學界牛耳的皇家學會，然而這項論述能否成立，根本是未定之數。這段話取自大約20年前，美國生理學會內部通訊裡的一篇匿名文章；這句話說得斬釘截鐵，背後卻完全沒有支持其論點的參考文獻，倒是文章的意涵非常清楚：倘若科學家想繼續發現拯救生命的藥物，繼續進行動物實驗至關重要。然而，就如同自殺與電玩遊戲之間關聯的推論，這個論點也忽視了一個關鍵：動物實驗早已無所不在。自從1950年代的沙利竇邁（thalidomide）事件後，法令就規定每種新藥必須先試用於動物，才能以人類志願者進行測試，更別說之後的上市了。所以，藥物不管是否對人類有用，每種都已經過動物測試。因此，所有最成功的藥物都經過動物試驗，這件事其實再尋常不過，幾乎無法解釋動物實驗與醫學進步之間有多少關聯。聲稱兩者之間確有關聯，就像聲稱實驗室白袍對醫學進展至關重要。因此，得到皇家學會（還有其他許多

人）背書的這項聲明，基本上空洞無意義。

不過，我們還是要慎重強調，這並不意味動物實驗沒有意義，只是表示若科學家要證明動物實驗的價值，就需要提出更扎實的證據。可惜，這個領域的相關研究少得可憐，成果也大多不保證適用。[2] 然而，動物實驗的證據真正指向的，是一個爭辯雙方似乎都不願承認的微妙觀點：在人體試驗之前進行動物實驗，在偵測毒性上確實有些價值，在用藥安全上卻是不良指標。簡單說，若小狗對某種化合物反應很差，人類大概也好不到哪裡去；但若小狗對藥物反應不錯，也難以保證脆弱的人類會對藥物有何反應。

｜這樣思考不犯錯｜

兩件事之間的因果關係，通常難以捉摸；若事件（不管是因或果）非常普遍，更是處處危險。找出你推測的「因」總是出現在「果」之前，是建立關聯的一個起點，但通常往往不夠。

09

日光之下並無奇事

從續集爛透的熱門電影,到股價突然一瀉千里的飆股,到處都能看到一個現象:今日一飛衝天的成功,似乎明天總會變成空歡喜一場。尤其令人惱的是,這些事經常在我們注意到的那一瞬間,就喪失原有的魔力。朋友說起上週去的一家棒極了的當地餐廳,我們也去嚐鮮,結果卻是普普。我們賭某個網球選手會因為表現優異而登上頭條,結果只看到她被打回原形。有時候你很難不覺得,所有事物都是虛張聲勢,它們大多其實再普通不過。實際上,要了解生活的厭煩和古怪,這樣想還真是對的。

每個人都聽過「膨風不可信」。若能分辨何者為可靠的判斷,何者為虛無浮誇,當然不會有人上當。「膨風」通常用以指稱被誇大的真相,不過那是假設我們知道真相如何。這時候,或然率理

論就派得上用場。

首先，根據平均律，在估計受隨機效應影響的事件會如何表現時，應該要蒐集很多資料。期待新作者或導演推出精采續集，顯然不合理，因為我們都只有一個資料點能藉以評斷他們的水準。

不過，或然率理論也警告我們，蒐集很多資料還不夠，資料也必須具代表性。按照定義，卓越表現不具代表性。然而那正是盛讚的評論、頭版標題以及股市專家吹捧新飆股等閱聽資料所傳達的。因此，在評估特殊事件時，永遠要對非凡現象本身保持戒慎恐懼。僅根據特殊表現做判斷，很容易成為弔詭的「回歸平均數」（regression to the mean）的受害者。在近150年前，英國學究法蘭西斯・高爾頓爵士（Sir Francis Galton）率先發現回歸平均數效應；儘管這個效應無所不在，理應已廣為人知，然而迄今仍非如此。

贏久必輸，輸久必贏

最常落入回歸平均數陷阱的，也許要算是運動迷了。他們親身經歷回歸平均數效應無數次，也很可能已在懷疑事有蹊蹺，卻很少看穿事實。回歸平均數的運作方式如下：賽季開始時，一切看起來跟往常沒兩樣，有輸有贏；然後有球隊每況愈下，眼看就要敬陪末座，顯然必須採取一些行動，也就是有些人得走路；一連輸了好幾場球後，球團覺得態勢明顯，於是開除了經理；這樣做顯然有用，因為球隊在新任經理的領導下，採用新策略，開始反敗為勝；但是，後來一切又開始出差錯，在一連贏了好幾場球

之後，球隊表現開始走下坡；情勢轉變後不過幾個月，球隊看來根本沒起色，換新經理的說法又開始蠢蠢欲動。

即使是對足球一竅不通的人，對這種故事也耳熟能詳。因為舉凡表現不佳的學校、股價墊底的股票，類似現象俯拾皆是。回歸平均數的基本概念並不難理解。球隊、學校或股價的表現，取決於許多因素；有些因素很明顯，有些則較不明顯，但它們全都會影響平均數。然而，事情的實際表現不太可能在任一時點都跟平均數完全一樣，通常會因為隨機變異的緣故，比平均值稍高或稍低。與平均數的差異可能大得驚人，甚至持續一段很長的時間，但正面與負面影響終究會彼此平衡，表現就會「回歸」平均值。麻煩的是，回歸平均數效應對最極端的事件，影響力特別強，因為這些事件一般來說最不具代表性。若有人單以極端事件做為行事依據，極可能落入回歸平均數的殘酷陷阱：回歸平均數會讓壞決定起初看來像是好決定。

不是奇蹟，只是回歸平均數

舉例來說，在表現不佳的「鐵證」出現之後，延請新經理帶領球隊，接下來可能出現一連串優良表現。然而，表現改善很可能不過是回歸平均數的作用，球隊之前的低潮只是隨機現象，而在上一任經理走人後，回歸到一般水準。只要等得夠久，一般水準的表現就會自動浮現。第一波回歸徵兆，很可能出現在看似因新任經理領導而發揮潛能的球員。但這可能是他們那時運氣好，而正好碰到新官上任；但這也難逃回歸平均數作用，隨著時間流

逝開始變得平凡，然後全隊看似奮發的氣勢，也會開始消退。當
然，有時候球隊表現不佳，確實是因為經理沒本事。即使如此，
統計學家跟經濟學家以真實資料所做的研究指出，回歸平均數在
球隊經理來來去去的情況下，能夠也確實會影響到球隊表現，但
是對於球隊的整體表現，影響卻微乎其微。

　　一旦了解回歸平均數，就會發現它無所不在。因為我們實在
太常注意極端事件。以提升員工績效的管理技巧為例，許多生產
線經理相信，恐懼是最好的工作動機，甚至聲稱鐵證如山。團隊
績效嚴重落後，他們就斥責員工，接著績效確實有所改善。那些
經理不相信重賞之下必有勇夫，他們認為那是睜眼說瞎話。畢
竟，這一季領紅利的頂尖銷售團隊，下一季經常表現平平；他們
擺明是因自滿而誤事。

　　如果你不懂回歸平均數，你會覺得績效資料似乎能證實這個
說法。問題在於那些老闆很少聽得進去，有鐵證指出，他們那套
做法管用可能只是統計效應使然。這可能是知道回歸平均數的人
那麼少的另一個原因。

小心飆股陷阱

　　不過，現在我們起碼能夠不自欺。例如投資時必須對財經專
家點名的飆股非常小心。他們本來就特別關注超乎尋常的表現，
而那正是回歸平均數效應的溫床。這種風險並非純屬理論。讓華
爾街芒刺在背的普林斯頓大學經濟學家伯頓‧墨基爾博士（Burton
Malkiel），曾對投資「明顯」強勢股的成果，做了一番研究。[1] 他

回歸平均數的神奇療效

醫學研究人員在尋找新療法時，可能會被回歸平均數擺一道，以為他們發現了神奇療法。因為尋找新療法時，本來就會以症狀超乎異常的病患為關注重點。然而這些異常現象有時不過是常態的隨機偏誤，會隨著時間消退。測試新藥的研究人員，他們的挑戰在於分辨真正的藥物效應；因為他們有可能會誤以為隨著時間過去，藥物改善了病況，然而病況實際上只是回歸平均數。

研究人員的應對之策，是建立所謂的隨機化控制試驗，也就是讓病患隨機分配，服用藥物（實驗組）或是安慰劑（控制組）。由於兩組病患經歷回歸平均數的可能性相等，因此只要比較兩組病患的相對治癒率，就能消弭回歸平均數的效應。

只可惜，朋友推薦的治背痛偏方，沒有這樣的檢核機制。由於沒有控制組，我們很難確定，偏方的益處是不是出於回歸平均數。有些醫生確實認為，相信自己被順勢療法等「另類醫學」治癒的病患，只不過是回歸平均數；然而另類醫學的提倡者卻堅稱，已有研究考量這個可能，結果仍然顯示另類療法具有效益。

編製了一張名單,列出1990年到1994年期間績效最好的股票基金。名列前20名的基金,年化平均報酬率足足超過標普500指數9.5%,令人嘆服,這些「顯然」是強勢基金。墨基爾接著查看同一批基金在接下來五年間的表現,結果整體來說,這些基金跟整體股市相較,平均績效落後超過2%。名列前三名的基金,分別滑落到第129、134和261名。這就是回歸平均數的威力,讓人學習謙卑的課題。

不過,一如球隊經理,還是有少數投資經理人精通投資,達成一貫的驚人績效,無法以統計理論斥為僥倖。華爾街傳奇人物彼得・林區(Peter Lynch)就是其中之一。他的麥哲倫基金(Magellan Fund)在1970及1980年代,展現卓越的傲人績效。

遺憾的是,證據顯示大多數的「明星」基金經理人,只是暫時蒙受回歸平均數的恩寵,幾年之後就黯然無光,也讓大眾的投資一起沉淪。

這樣思考不犯錯

根據表現做決策時,對於非凡的表現要特別當心。根據定義,非凡的表現就是不具代表性的資料。拜回歸平均數非凡的均等效應所賜,非凡的表現特別容易以失望告終。

10

沒有頭緒時，
「隨機」應變為上

2002年2月，美國國防部長唐納・倫斯斐（Donald Rumsfeld）在一場記者招待會上被問到，伊拉克獨裁者海珊提供大規模毀滅性武器給恐怖份子的風險。倫斯斐顯然被這個問題給惹惱了，於是有了以下這段著名的答覆：

> 我們知道，世上有些已知的已知數，也就是我們知道我們知道的事。我們也知道，世上有些已知的未知數，也就是我們知道有些事我們不知道。但世上也有未知的未知數，也就是我們不知道我們不知道的事。[1]

這段回應讓批評倫斯斐的人驚愕不已。有人認為這足以證明

五角大廈被一個瘋子掌管，有些人則單純地覺得好笑；位於英國的「有話直說學會」（Plain Speaking Society），還頒給倫斯斐一座說行話大賞。不過，有人卻認為，他的回應一針見血，直指知識可靠性一個令人不安的事實：這世上有無知，也有對無知的無知。表面上看來，我們對後者無能為力：對於我們甚至不知道其存在的事物，我們要如何保護自己免受其害？但其實，我們最起碼能夠減低來自未知的未知數的威脅。也許更令人驚訝的是，我們要依靠的是隨機性。

缺乏節奏、沒有道理的隨機性，竟然是追求知識的安全保證，聽來似乎很奇怪。然而，這正是隨機性的價值所在：它能使你免於潛藏假設的束縛；潛藏的假設正是無知展現最大毀滅力量的憑藉。隨機性的強烈特質，主要是由羅納德・費雪（Ronald Aylmer Fisher）所提出，引起科學家的注意。費雪是奠定現代統計學基礎的重要人物，本書還會提到他好幾次。

大約一個世紀前，費雪在在劍橋大學取得數學學位，著迷於如何從資料（尤其是複雜無頭緒的生命科學）擷取最可靠的見解。以統計學家的身分在農業研究實驗室工作的費雪，建構了許多技巧，從充斥著未知的未知數的實驗研究裡得出見解，而土壤肥沃度的變異性就是一例。他在1925年出版的實驗結果分析教科書《研究者的統計方法》（*Statistical Methods for Research Workers*），或許是出版史上最具有影響力的統計書籍。費雪推薦的工具裡，最主要的就是隨機化。他聲稱，「……實驗者面對可能干擾資料的無數因素時，得以免於考量、估計其影響程度。」[2]

最能善用這項建議的研究領域，莫過於醫學。在追尋有效療

法的過程中，證隨機化是非常重要的技巧。早在14世紀時，義大利學者、詩人佩脫拉克（Petrarch）就談到如何測試新藥劑的效果：找來「數百個或上千個」特質一模一樣的人，只治療其中一半的人，接著對照他們跟未接受治療的人的反應。[3] 因為兩個群體的差異只在於治療，其他條件完全一樣，因此若出現任何差異，極可能完全歸因於療法。這一切聽起來簡單極了，唯一的問題是：怎樣才算是「一模一樣」的人？理想上，這些人必須與可能接受治療的病患完全一樣。問題在於，人生來就有許多差異，生理、情緒、遺傳皆然。這些差異會影響測試結果，製造出很多「已知的未知數」。再加上未知的未知數，佩脫拉克所描述的方法，就顯得有些過分簡化。

實驗的難題如何解

這就是求助於隨機性的時候了。我們不必嘗試處理所有可能會影響人體反應的事（幾乎不可能），而是找一些病人當樣本，隨機分配他們接受新療法，或是不予治療（或是給安慰劑）。由於是抽樣，試驗永遠不可能完美，但只要樣本數盡可能地大，結果顯然會還不錯。佩脫拉克自己就提到這點，不過沒提到費雪提出的重要建議：隨機化。只要病患完全隨機分配，就能降低樣本因偶然或其他因素產生的偏誤（bias）風險，避免病患偏向能夠（或是無法）受益於新療法的群體。

用隨機性解決「一模一樣」的問題後，就能實行佩脫拉克建議的其他部分：安排兩組病患，其中實驗組接受療法，控制組則

給予對照療法（可能是安慰劑）。其中一組有較多病患帶有某種會損及療效的未知遺傳特徵，這是完全有可能發生的情形；但是只要隨機選擇的病患夠多，這兩組病患就有很高的機率，包含數量相當接近的這類病患。隨著可能的偏誤減低，療法效果的評估就更為可靠。

不過這並不是隨機化的唯一好處。一旦實驗有結果，就必須正確解讀。例如，若兩組病患間確實出現差異，顯示療法有效，這還是有可能只是出於僥倖；反過來說，若未出現差異，也可能是病患樣本數太少所致。要把實驗結果的機率量化，就要用到或然率理論；若能夠假設其中沒有偏誤，結果會最單純，也最可信。隨機化就能做到這點，甚至還有助於處理一些棘手的道德倫理問題。膽大妄為的研究者，可能會把藥物用在病情較輕的病患身上，讓其他病患接受較無療效的療法，從而增加新藥物表現不錯的機率。反之，憐憫慈悲的研究者，則可能把新療法用在除此藥外別無指望的病患身上，造成其他病患只能接受無效果的療法。若研究者真能準確研判療法的效果，這樣做也還可行，但實際上不然：2008 年有項分析，針對 1950 年代中期以來，美國國家癌症研究中心認為值得在病患身上一試、因而進行隨機化控制試驗的 600 多種癌症療法，結果發現，只有 25％ 到 50％ 的療法證實成功。[4]

面對這類的道德倫理兩難，只要堅持以隨機方式分配病人，就能避免。如果是由與療法試驗無關的人進行隨機分配，那會更好。

醫療測試實驗的黃金標準

　　1947年，英國醫療研究委員會決定，在一項以抗生素鏈黴素治療肺結核療效的開創性研究中，測試隨機化的效用。這項研究的規模不大，大約有100名病患經由隨機分配，有的接受臥床休養的標準療法，有的是靜養外加服用抗生素。為了避免醫生或病患，因為知道誰接受何種療法，而產生偏誤，隨機選擇的結果向所有人保密（也就是「盲測」）。六個月後，結果發表，成績斐然：50名左右接受抗生素治療的病患，存活率幾乎是只臥床休養的四倍。這項試驗的規模雖小，然而統計測試顯示差異實在過大，不太可能是出於偶然。

　　時至今日，這種「盲測」隨機化控制試驗（RCTs），已成為測試新療法效果的黃金標準。以此標準進行的試驗不下數十萬，有些納入數萬名病患，結果更嘉惠了數百萬人。這一切都是隨機化減低無知衝擊的見證——已知和未知皆然。隨機化控制試驗方法因為在醫學領域的成功，後來延伸應用於其他研究領域，處理如貧窮、青少年犯罪等問題（詳見專欄）。

　　隨機化控制試驗儘管威力強大，卻不像有些人以為的，是用於測試「什麼管用」絕對可靠的指南。在原理上，隨機性能夠處理任何未知的未知數；在實務上，卻因為太多研究都是人類針對人類而為，因而遭遇問題。比方說，實驗者招募到一批人，要隨機分配很容易，但若研究者只招募某種類型的人，會發生什麼事呢？經年累月下來，隨機化研究讓心理學家對人類天性有許多見解；然而考量到實驗成本、時間和便利，很多這些研究見解所根

直覺不可靠，用數據說話

隨機化控制試驗很適合測試藥物的效用，因此有人想到把相同的概念應用在其他領域，政府政策的測試驗證就是一例。政治人物向來最為人詬病的，就是只根據傳聞和直覺啟動大型計畫。若能檢驗他們的想法，以隨機化對付他們自以為無所不知的假設，不是很好嗎？

這個想法很有吸引力，最起碼對於那些堅信政策應該要根據事實，而不是教條的人來說是如此。迄今最成功的案例，也許要算是墨西哥的社會福利計畫「機會」（*Oportunidades*），這項抗貧計畫，發錢給特定家庭，交換條件是他們要固定上學，到醫院檢查，並且維持飲食健康。[9] 批評者駁斥這種以金錢交換計畫參與的想法過於天真，政府的回應是將構想付諸隨機化控制試驗的驗證。數百個村莊經隨機分配，有些參與計畫，有些是控制組，以監控計畫對社會福利的影響。兩年後，政府評估計畫成效，發現參與計畫的村莊，福利及未來展望都有所增進。這項計畫在2002年推廣到都市社區，結果證明大為成功，如今包括紐約市在內，世界各地都有政府仿效。

然而，並非每個政治構想，都能受惠於隨機化控制試驗。以針對不良少年實施的「恐嚇從善」（Scared Straight）政策為例，這個取名自1978年同名美國紀錄片的政策，是

讓不良少年目睹坐牢的恐怖待遇。當局聲稱，不良少年在看過紐澤西監獄裡無期徒刑犯的光景後，行為收斂不少。有些政治人物呼籲廣大實施這項政策，不過幸好不是每個人都會錯把巷議當證據。這項計畫經過一系列的隨機化控制試驗，在 2013 年分析後發現，這項政策根本是適得其反：參與計畫的地區，不良少年的比率，比沒有參與計畫的地區還高。[10]

值得高興的是，有跡象顯示，有些政府開始認為，隨機化控制試驗比直覺更能找出「什麼才管用」。[11]

據的樣本，卻相當不隨機，那就是美國的心理系學生。2010 年，加拿大卑詩大學的研究人員發表一項針對頂尖心理學期刊數百篇研究所做的分析，發現超過三分之二的受測者來自美國，其中又有三分之二是心理系大學部學生。更糟的是，研究者發現這些學生，特別不能代表「一般」人類——他們絕大多數來自西方（Western）、受過教育（educated）、工業化（industrialised）、富庶（rich）、民主化（democratic）的社會〔這五個形容詞的英文字首剛好是「WEIRD」（奇怪）〕。[5]

在進行隨機化控制試驗時，可能會產生偏誤，如可能只有某類人能夠（或願意）堅持採行某種嚴格的飲食計畫。有些人退出計畫也許是出於隨機，也可能不是，但這就可能損及實驗結果的

「外在效度」（external validity），也就是實驗結果能夠適用於一般大眾的程度。真相是，從藥物到營養補充品等各種事物都可能狀況百出，導致在科學研究中有效，到了現實世界卻作用不彰。[6]

隨機化實驗不是萬靈丹

這些都還是公諸於世的隨機化控制試驗。隨機性無法防止所謂的「發表偏誤」影響，即因為懸而未決、無聊沉悶、或是「無甚助益」而從未發表的研究發現。非常多研究指出，比起負面的、無甚助益的研究結果，正面的研究結果較有機會發表。[7]人們對這個現象的成因激辯不已。有人責怪研究者行事隨便；有人聲稱學術期刊對能吸引媒體的研究發現太過熱衷；有人指控藥廠為了保護公司股價，把負面研究結果按下不表。然而毫無疑問的是，想藉由綜觀經發表的證據解答關鍵問題，發表偏誤可能會造成十分可怕的效應。如此形成的「後設分析」（meta-analysis），可能會過度樂觀，造成危害大眾生命安全的後果。

最後還有研究者本身居心叵測的問題。研究者若是把隨機化控制試驗，特意設計成能夠產生「正確」答案，那麼即使是隨機性，也無法抵銷這種偏誤。藥廠監督的隨機化控制試驗，就被批評為是「稻草人」實驗設計（譯注：straw man，意指曲解對方論點，然後攻擊曲解的論點，再宣稱已推翻對方論點的論證方式），把新藥和某些效用微弱的療法比較，從而提高產生驚人成果的機率。[8]

隨機化控制試驗就如同人類創造的所有事物一樣，有各種方式能夠推翻。不過，隨機化控制試驗運用了隨機性，儘管有各種

瑕疵，仍然是避免誤以為自己全知全能的最佳手段。

| 這樣思考不犯錯 |

　　隨機性漫無章法的本質，使它成為穿越錯誤假設（無論是否有心）及可疑研究方法的無價之寶。然而，若使用不當或應用偏差，虛有其表的研究也會看似「很科學」。

11

真實世界不是
一座標準實驗室

打算用人工甜味劑取代糖嗎？請三思——這可能會增加罹患糖尿病的風險。擔心失業嗎？你也有可能馬上氣喘發作，禍不單行。因為擔心失眠的種種健康隱憂，於是吞下助眠藥嗎？你罹患阿茲海默症的風險可能因此大增。

威脅健康的潛在事物清單，似乎愈變愈長；最新增添的恐怖項目，在2014年短短一個月內，不斷成為媒體焦點。[1] 對於這類報導，我們經常不知所措。許多報導指證歷歷，引用聲譽卓著的科學家發表在重量級期刊的研究結果。然而，關於健康威脅的證據經常搖擺不定。幾年前，還有人說咖啡會增添罹患胰臟癌的風險；這個說法後來逐漸煙消雲散；到如今，又有人指出咖啡似乎有助於防治肝癌。[2]

　　僅根據一次媒體報導就下定論，顯然不合理。我們需要妥適的科學評估，而有什麼會比醫事檢驗的黃金標準「隨機化控制試驗」更適用？

　　請稍安勿躁：這類試驗需要志願受測者的隨機樣本，然後故意讓一半的人曝露於某些未知且可能有害的風險因子之下；此舉在倫理道德及法律上顯然會有爭議。不過，這還不是隨機化控制試驗的唯一問題。例如，在後半生變成素食主義者的人，是否會比吃肉的人更健康，這無疑是個值得探究的主題；然而要召集幾千人，要求其中半數在有生之年都不准吃肉，這事可難辦得很。

　　儘管隨機化控制試驗有種種好處，就是無法用於研究某些問題，而那些問題偏偏往往最有意思。因此，研究者改採所謂的觀察研究法；這種研究法一如其名，通常透過觀察、比較兩組人，以尋找欲研究的效應有無發揮作用的證據。這聽起來與隨機化控制試驗相去不遠，只是少了最強而有力的特徵：隨機化。觀察研究法無法處理未知數（已知或未知的未知數皆然），於是轉而採用不同的做法。就如同接下來會談到的，觀察研究法其實應用不易；證據也顯示，能有效應用情況很少。媒體的許多駭人醫療報導，結論似乎總是反反覆覆，主因就在這類報導根據的是觀察研究法的研究結果，顯示它們要替代隨機化控制試驗，仍有所不足。

　　「病例控制」（case-control）是最常見的觀察研究；要研究某項病症與某項風險因子間是否存有關聯，這是一種成本相對低廉、但很快就能得到結果的方法。病例控制研究是許多媒體醫療報導的推手，聲稱服用助眠藥會增加罹患阿茲海默症風險的報導就是一例。這類研究首先找來許多該病的病患（「病例組」），接

著再找來一組可以做為對照的一般人（「控制組」），然後比較兩組。研究者想找的，是某病症患者是否也傾向經常接觸某個因子的蛛絲馬跡。

　　觀察研究法最明顯的問題，在於如何取得所謂「可以做為對照」的樣本。由於隨機化不可得，研究者不得不自行決定控制組的篩選標準。篩選標準多，淘汰速度就快，導致控制組沒有足夠的樣本數；篩選標準少，比較研究可能會淪為笑話；選錯標準，真正的關聯就可能因此隱而未顯；再加上挑選兩組人選時的偏誤風險，研究結果不可靠，也就不難理解了。

吸菸致癌：不可信其無

　　儘管有這些潛在缺陷，病例控制研究仍然是研究健康風險時唯一合乎倫理道德的方法，罕見疾病的研究尤其如此，否則就必須觀察大量人數，才能達成可靠的結論。

　　病例控制研究也確實出現過了不起的成功研究，最著名的是醫療統計學知名學者奧斯汀・希爾（Austin Bradford Hill）與理察・多爾（Richard Doll）於1950年發表的病例控制研究，找出肺癌與抽菸有所關聯的證據。他們有超過1,000個病例與控制組，得以將年齡、性別、社會階層、居家暖氣形式，甚至於曝露於其他汙染物等許多潛在相關因子納入考量。吸菸者與非吸菸者在罹癌者及未罹癌者的相對比例顯示，吸菸會使罹患肺癌的風險大增。他們也進一步指出，隨著吸菸量增加，罹癌風險也隨之增加，也就是兩者存有「劑量風險」關係，與吸菸是肺癌成因的研究結論

確實一致。然而，由於欠缺隨機性，無法消除某個程度的偏誤，因此這項研究無法有效排除，兩者的關聯相當可能是由某些「未知的未知數」所造成的。此外，病例組跟控制組都是住院病人，因此可能無法代表一般大眾。

多爾跟希爾因應的方法是，建構另一個廣泛應用於健康效應研究的方法：前瞻世代研究法（prospective cohort study）。前瞻研究並不回顧尋找可能觸發某效應的成因，而是追蹤一大群不知道誰會受到影響的人口，也就是所謂的「世代」（cohort）。這種研究法藉由選擇一個在許多方面都很相似的世代，例如性別相同或社經背景相同，處理「未知的未知數」效應。然而，這些人會因為是否曝露於某個成因而出現差異。

多爾跟希爾決定以醫生為焦點，在1950年代初期，成功召募到超過34,000名男性與6,000名女性的世代樣本，分為吸菸者與非吸菸者。接著，他們追蹤這兩組人的後續命運，一直持續到2001年。這項後來稱為「英國醫生研究」（British Doctors Study）的調查工作，發現了相當有說服力的證據，顯示抽菸會增加約10倍的罹患肺癌風險，有重度菸癮的人更是至少達20倍。

這個確鑿的結果，促使研究者轉而採用病例控制法跟前瞻世代研究法，處理許多健康相關問題。這類研究也成為媒體追逐的焦點，聲稱它們是由某些「素負聲望」的研究期刊或學者所發表的事實，藉此駁斥大眾批評媒體無端散播恐懼的指控。然而，在研究圈內，觀察研究的侷限性所引起的憂慮，卻與日俱增。最主要是許多觀察研究似乎終告失敗，無法達成任何共識。病例控制研究的結果反覆無常，無法複製重現，甚至後續研究的結果根本

與之矛盾，因而格外引人非議。有一篇文獻回顧的論文，檢視了採用這類方法尋找病症與基因間關聯的研究，結果發現，研究所得到的166種關聯，經反覆數次研究，只有不到4％能重現一致的結果。[3] 前瞻世代研究的表現大體較好，不過即使是看似最出色的研究結果，也經常無法得到能讓人信服的結論。

紅肉有礙健康，但只限美國？

就以吃肉對健康的影響這個持續熱議的話題為例。2009年，一項針對50萬名美國人監控達10年之久的巨型世代研究，顯示吃紅肉與罹患癌症、心血管疾病、壽命減短之間，有清楚的關聯；2012年，一項在日本進行的巨型研究，卻顯示並沒有這類風險；2013年，一項在歐洲進行的巨型研究，又得到似有若無的研究結果。[4] 如果連著名專家進行的巨型觀察研究都無法得到一致的見解，那麼這些研究又有何意義？平心而論，這兩項研究結果有可能都是對的。牛肉的成分、烹調與食用方式的差異（更別說烹調方法和食用者也有差異），可能會導致美國牛肉較不健康，最起碼對美國人來說是如此。這裡再次點出，即使是隨機控制實驗也會碰到的可類推性（generalisability）問題：進行研究的方式所產生的結果，只能應用於特殊情況，而非普遍適用。

即使如此，這些研究仍然可能因為欠缺隨機控制試驗的隨機性，而出現漏洞。研究者為了因應這個問題，竭盡所能找出如抽菸歷史、飲酒量等可能產生誤導效果的因子，抵銷（也就是「控制」）它們的衝擊。要做到這點，就必須將世代資料細分為許多

次群組。這意味著，即使世代樣本有浩浩50萬人，看似驚人，但有許多研究發現，根據的不過是其中一小部分而已。即使如此，這兩種研究結果還是可能產生細微的偏誤。2011年，兩位美國國家統計科學研究院的研究人員，以隨機控制試驗的「黃金標準」，檢驗觀察研究宣告的成果，藉以指出模擬隨機控制試驗效果的做法，其中的風險。他們檢驗的12項觀察研究所宣稱的52項結論，經過隨機化控制試驗驗證無誤的數量是……零。[5]

報導滿天飛，寧可信其有嗎？

面對觀察研究所得出的健康風險（或益處）結論時，我們應做何反應？就我們所知，流行病學領域的研究人員，經常採用幾條經驗法則，決定哪些研究發現值得認真看待（詳見章末專欄）。也因此，採用觀察研究法時，會出現所謂的「啄食順序」（pecking order）。流行病學的世界裡，最低階的是一些小型病例控制研究，聲稱發現相關證據，證明某個健康風險與看似不可能的成因之間，存在著先前無人注意的微小關聯。1970年代末期首度出現線索，指出電磁場（EMFs）與兒童白血病可能存有某種關聯，就屬這類的典型。這些年來，有許多納入數百名參與者的病例控制研究，檢驗此一關聯；綜觀這些研究，顯示曝露在電器用品與電線所產生電磁場的兒童，罹患白血病的風險顯著增加。然而，若是應用幾條流行病學的經驗法則，對這個令人不安的結論就會有不一樣的看法。例如，儘管這些研究的參與者數量看似可觀，然而罹患白血病風險增加幅度最令人擔憂的病例，都來自於曝露在

最高強度電磁場的參與者，病例組跟控制組一般都只有幾十個。除此之外，電磁場究竟如何引發白血病的機制，從未有人提出合理解釋，倒是有很多潛在的偏誤來源跟誤導因子，可用以捏造兩者的關聯。這一切都指出，電磁場造成罹癌風險的證據相當薄弱，結論也反覆不定。2007年，美國疾病控制與預防中心有支研究團隊，發表一篇相關研究證據的回顧論文，排除電磁場是白血病的顯著環境風險致病因子。[6]

　　等級名列前茅的觀察研究，是巨型多中心（multi-centre）前瞻世代研究；它能夠控制許多潛在誤導因素，找出風險因子令人信服的證據。牛津大學研究人員在1990年代中期進行的「百萬婦女研究」（Million Women Study），就是經典範例。這項研究的對象是50歲以上的婦女，目標是找出健康狀況與避孕藥、飲食、抽煙習慣等許多因子間的關聯性。到了2000年代中期，這項研究已發現證據顯示，罹患乳癌的風險，與採用某些類型的荷爾蒙補充療法之間，存有某種關聯。這個關聯性顯著又合理，而研究所用世代資料的數量龐大，得以彌補許多潛在偏誤造成的影響，不至於損及研究發現的可信度。

　　未來數十年，「百萬婦女研究」這類的觀察研究，絕對可能拯救數百萬人的生命。觀察研究也許不如身為黃金標準的盲測隨機控制試驗可靠，但經過良好控管的巨型前瞻世代研究，已是難得的研究工具。另一方面，你再看到某項小型病例控制研究推論出驚人的健康風險時，請放輕鬆，深呼吸，等著看有人推翻它吧！

真的假的？一眼看穿醫療新聞

　　觀察研究的目的，就是確定某個健康效應與某項活動（如吃垃圾食物，或是住在核子反應爐附近等）之間的因果關聯。然而，觀察研究真正能提供的，不過是某個可能關聯多少可信的證據罷了。常言道，「關聯不代表因果」，但兩者很難一刀切割清楚。不過，有些經驗法則可以決定，哪些研究值得認真看待，哪些可以一笑置之。

　　這些經驗法則裡最管用的，當屬倫敦大學教授希爾爵士在1960年代中期所提出的；他在1950年代開始進行的抽菸者觀察研究，樹立了迄今仍罕能匹配的標準。[7]以下是自希爾的篩選標準引申的實用判斷法則：

　　觀察研究的類型為何？是病例控制研究嗎？相較於前瞻世代研究，病例控制研究通常較難以處理偏誤問題。

　　研究發現的驚人程度如何？遇到醫療研究震撼而空前的聲稱，要格外抱持懷疑，尤其是生物學上令人難以置信的關聯。

　　研究的規模多大？1,000名參與者看似規模龐大，但經過層層細分成群組後，關鍵的研究發現可能只是依據極少數參與者的推論。

　　研究發現的效應多大？即使研究發現相當驚人，任何

單一觀察研究的利益或風險，規模必須至少達兩倍，否則許多流行病學家對此根本也是不屑一顧。若固有風險本來就很小，就算乘以兩倍，也許仍然根本不值得擔心。

關聯的一致性程度如何？因果之間是否有令人信服的關聯？

研究在何處發表？研討會上發表的聲明不值一顧，等發表在重要期刊時再說。即使真的發表，也請切記，這是值得關注的必要條件，不是充分條件。頂尖期刊也可能（確實也曾經）出現無稽之談。

｜這樣思考不犯錯｜

　　相較於身為黃金標準的雙盲隨機控制實驗，觀察研究永遠無法有相同程度的可靠，但這往往是我們能夠了解關鍵問題的唯一辦法。而只要規模夠大，有良好控管，同時限制研究結果的應用範疇，觀察研究其實有值得信賴之處。

12

群眾智慧，給問嗎？

　　沒有人知道古夫金字塔到底是怎麼建造的，但可以確定的是，建造的時間跟成本，遠超過任何人的猜想。在4,500多年後的今日，這點似乎仍然沒有改變。小至升級電腦系統，大到打造國際太空站，任何懷抱雄心壯志的專案，似乎沒有一個能免於意外的延宕、超出預算的成本，最後不得不面對現實。

　　說來奇怪，人們耗費心力設計出專案管理方法，就是要防止專案失敗，怎麼還會發生這些意外。這些專案管理方法的名字聽起來煞有介事，像是「Agile」（敏捷開發）、「PRINCE2」，還有些採用了奇特術語，如「Scrum of scrums」（scrum是橄欖球術語，意為並列爭球）、「backlog grooming」（待辦列表梳理）。然而，不管擁護者怎麼說，這些專案管理方法是否真的管用，其實還很難

說。[1] 幸好,如今有研究發現一種預見意外的方法,並有確實的證據證明它確實有效。諷刺的是,這套方法源於某起可稱之為「眾口胡說」的事件。

牛有多重?

事件的主角是一頭巨型公牛,牠是英國德文郡(Devon)普利茅斯市(Plymouth)1906年西英格蘭肉畜家禽展的明星。大會邀請參觀人士憑自己的技巧與判斷,估測這頭公牛宰殺後的重量。為了增加挑戰的難度,活動要猜的不是公牛活著時的體重,而是所謂的「開膛」體重,也就是扣除頭、腳、內臟與毛皮後的總重。大約有800人付了約當現今5英鎊的參賽費,答案公布時發現,有個人完全猜中正確重量:1,197磅(大約550公斤)。不過,當天還有一個人,收穫比猜中的人還豐富,那就是英國學究高爾頓。他想知道人有多會猜公牛重量,因此索取了所有參賽者寫下猜測值的卡片。分析過這些卡片後,他有個非比尋常的發現:雖然猜測值的範圍一如預期非常廣泛,中位數(低於它與高於它的數值一樣多個)卻落在1,208磅(555公斤),偏離真正的重量不到1%。

所有人個別的猜測結果,何以能產生如此接近真實的中心值?偶然僥倖顯然是一種可能,然而高爾頓發表在《自然》期刊的研究發現,卻提出更有意思的解釋:他認為比賽觸發了群策群力的效果。據高爾頓所言,活動收取參賽費,因此排除了很多浪費時間和沒有指望猜中的人,降低所謂的「愚蠢偏誤」。同時,贏得比賽的希望,鼓勵有本事的參賽者使出渾身解數,進一步提高

猜測的準確度。靠著這些願意花錢參賽的人努力，集合個別的猜測結果，就能得到一個群體的預估值。這個結果出奇地準確，最起碼在這個猜公牛體重活動是如此。

這個如今稱為「群眾智慧」的效應，始終爭議不斷。最起碼，它看似違反了如何從有限資訊取得見解的基本規則。然而，質疑者也不得不面對愈來愈多證明它有效的證據，例如預測市場（prediction markets）的成功，甚至連高爾頓也會讚嘆不已。1980年代末期，愛荷華大學的學者設立了「愛荷華電子市場」（Iowa Electronic Market, IEM），能人識士可在此買賣美國選舉結果的「股份」，股價反映了每位候選人的勝選機率跟幅度。舉例來說，若股價表示某候選人有80％的機率勝選，但有人認為真正的勝選機率是85％，就值得依此股價購入；對自己的想法有強烈信心的人，就願意大量買進，因而推升股價，意味著勝選的或然率升高。參與者關注的是獲利，但在此同時，市場也統合了他們的意見，顯露這群能人識士的群體智慧。

向群眾智慧問卦

過去幾十年來，IEM的參與者證明了他們異常睿智。2014年，愛荷華大學有兩位研究者分析指出，IEM大約有75％的時候擊敗傳統的市場調查結果；美國總統大選的候選人股價，預測誤差僅有1％。由於IEM的成功，其他預測市場也起而仿效。電影迷可以憑專業意見，針對演員成名機率、新電影票房及奧斯卡獎得獎人，在「好萊塢股票交易所」（Hollywood Stock Exchange, HSX）

交易股份。儘管交易的利益無非是紙上富貴與掌聲鼓勵，然而事實證明，好萊塢股票交易所的預測結果十分可靠，因而衍生副牌網站，做為好萊塢決策人士參考之用。一個著名案例就是，好萊塢股票交易所曾指出，一部預算僅25,000美元的恐怖片有大賣的潛力，卻被電影公司輕忽了；那部片就是《厄夜叢林》（*The Blair Witch Project*），總票房將近2億5,000萬美元。

群眾智慧也反映在如「必發」（Betfair）之類的賠率交易。市場撮合對賭局看法相反的賭客，贏家的彩金是輸家的賭金；交易所提供撮合服務，抽取一小部分利益。賠率交易所之所以吸引賭客，原因在於賠率普遍高於賭注經紀人，因為經紀人的營運成本較高，賠率自然沒那麼好。研究結果再次顯示，交易所最終賠率所反映的群眾智慧，極為可靠：群眾預測結果賠率為1比1的事件，發生機率大約是50％。

稍後章節會提到，猜測愈準的賭徒，其實愈難成為贏家。不過這確實顯示，即使是牽涉許多互動因子的複雜情況，群眾智慧仍然可以產生可靠的見解。那些身負重任、要讓專案在預算內準時完成的人，當然不會沒注意到這個現象。

1990年代末期，跨國科技公司西門子有支研究團隊想知道，群眾智慧是否比傳統專案管理方式，更能讓開發軟體計畫上軌道。研究團隊與維也納科技大學的葛哈德・歐特納（Gerhard Ortner）合作，設立預測市場，讓專案人員能夠買賣「股份」，股價反映的是專案如期完成的機率。西門子團隊設立了兩個市場，一個著眼於專案延誤風險，另一個則是預測專案所需時間長短。研究團隊希望員工為了套利，會透過匿名市場，迅速反應對專案

的見解，從而在專案出麻煩時能盡早警示。這正是實際狀況：上層管理團隊宣布專案進程有所改變之前，員工早就心裡有數，搶先買賣股份以得利，因而使得專案變化所產生的衝擊「反映在股價上」。市場交易不到一個月（此時距專案完成期限還有三個多月），就已預測專案無法如期完成，並預估會延誤二到三週。離專案期限剩一個月時，市場有大量「賣單」搶入；專案能否如期完成，這是信心崩潰的明顯徵兆。當然，這項軟體開發專案後來錯過了期限，又拖了兩週才完成。在此同時，標準專案管理工具一直到完成期限之前，始終顯示一切循序漸進。

自此之後，許多公司開始試用「群眾智慧法」。惠普發現，比起標準預測法，預測市場的印表機銷售量預測更可靠。Google發現群眾智慧有助於預測使用者對Gmail等產品的未來需求，以及可能威脅市占率的因素。有項內部預測市場績效分析發現，預測市場的機率預測值，與事件實際的發生頻率，兩者高度相關。採用預測市場的公司包括福特、寶鹼、洛克希德馬丁、英特爾、奇異等，名單一長串，族繁不及備載。

群眾智慧迷思

預測市場既然如此厲害，為什麼沒有人人愛用呢？原因有理性，也有非理性，相當耐人尋味。2001年，民意調查公司MORI創辦人羅伯特·沃斯特爵士（Sir Robert Worcester），指稱預測市場為「巫毒調查」。此語無疑道出箇中玄機。他主要是擔心預測市場明顯違反取樣理論的基本規則。首先，預測市場完全不是隨機

取樣，而且設計上刻意產生偏誤，只把信心滿滿、敢拿金錢或名聲賭一把的人納入樣本。再者，預測市場即使只有幾十個「交易者」，也能夠維持相當可靠的預測值；然而，根據標準理論，在許多情況之下，這樣的樣本規模實在是小得過於危險。

預測市場為何能夠跳脫標準理論的規則，這個謎團產生許多爭議與研究，如今也已有頭緒。其中一項來自民意調查人士的經驗。他們很清楚，在彩球上管用的理論，用於現實生活的人時，不一定適用。做調查的人都見過，扎實的調查方法如何被言行不一的人糟蹋。他們嘗試各種方法，想修正瞞騙行為的效應，卻成效不彰。[2] 有些研究者因此開始懷疑，群眾智慧是否因著眼於構成群眾的個體特質，而從中獲益。

這個想法相當激進，它等於表示，箱子裡的彩球若有某種混合比例，你就能準確預估內容。這也表示，群眾智慧是達成集體決策的最佳方法。但事情確實如此嗎？心理學、管理研究、生態學與電腦科學等研究領域都顯示，解決問題確實有如此完美的上上策。問題不在於人際間的性格衝突或過度自我，單純是因為高層次技巧經常要以專狹為代價。

群眾智慧使用需知

2004年，密西根大學的洪盧（Lu Hong，音譯）與史考特·佩吉（Scott Page）就以數學證明，一般來說，一群技巧中等但見解各有千秋的人，比起一群技巧頂尖的人，更能有效率地解決問題。[3] 這與群眾智慧顯然有異曲同工之妙。密蘇里大學決策理論

學家克林汀‧戴維斯－史托伯（Clintin Davis-Stober）領導的研究團隊，進一步強化這個關聯性。[4] 他們先用數學捕捉群眾智慧的概念，然後檢視有何因素會損及群眾智慧的可靠性，結論與盧宏及佩吉的研究類似。他們發現，預測市場的可靠性，取決於參與者的特質。技巧當然有作用，不過真正的關鍵仍然是參與者的多樣性。一旦預測市場裡有專家，根據數學運算顯示，最能夠提升預測市場可靠性的，不是召募更多同樣的專家，而是引入想法獨特、有不同見解來源的獨行俠。為了提升多樣性，包容新進人員的低技能，確實有其價值。專家意見通常會相互關聯，若引進更多專家，小偏誤可能會釀成集體大錯。相反地，獨行俠之所以為獨行俠，就是因為和其他人沒有關聯，因此雖然他們的偏誤可能較大，但較難以推翻最終的集體意見。

　　戴維斯－史托伯等人的研究，是學界賦予群眾智慧扎實理論基礎的一大成果。這項研究指出，集體智慧甚至能獲益於業餘見解，即使有人刻意扭曲結果，也無損其穩固。這項研究證實，納入企管理論常說的「跳脫框架思考」的見解，確實有價值。這項研究也能解釋，即使是小到幾乎稱不上「群眾」的小團體，為何也能產生群眾智慧。根據普林斯頓大學的伊恩‧柯辛（Iain Couzin）及研究生亞伯特‧高（Albert Kao）的研究，這還是可以用相關性解釋——只不過這裡指的是見解來源間的相關性。[5] 來源容易取得，判斷者的意見就會出現相關性。來源若還算可靠，情況就還好；若來源有問題，那麼統合一大群人的判斷，就可能受到相關性主導，導致可靠性不足。對照來看，一小群人的平均判斷較不精確，也較多樣化，因此較不易受累於錯誤見解。不

過，群眾智慧要能發揮利益，有個明顯的先決條件：「群眾」不能只有一個人。諷刺的是，個人獨斷向來備受尊崇，見解來源經常冠以「大師」的神聖稱號。大師之言並非絕不可信，只是新研究已找到方法，可以讓我們這些不想當大師的凡夫俗子，也能做出更好的判斷（詳見專欄）。

如何汲取「內在群眾」的智慧

集體意見的預測，可靠度或許令人印象深刻，但我們並不需要真的找來一群人，才能受益於群眾智慧。我們可以全部自己來，只要夠細心，思考過程納入類似群眾所產生的多樣性即可。馬克斯普朗克人類發展研究所的史蒂芬·荷索（Stefan Herzog）跟拉夫·荷威格（Ralph Hertwig），想出一個能達成這個目標的技巧：辯證拔靴法（dialectical bootstrapping）。[6] 幸好這項技巧的內涵，比它的名稱簡單。

首先，不管要預測什麼事，隨便找個想法，做初步的猜測，並記下來。現在想像有人說你這個猜測不對，接著思考哪裡可能出錯，哪裡假設可能不正確，如果改變這些假設，有何影響？預測結果會因此變高或變低？然後根據你對問題的新見解，再次估計。荷索跟荷威格有個卓越的發現：一般來說，兩個猜測的平均值，比任一個別的猜測值，更接近真正的答案。

關於群眾智慧，很多問題有待研究，諸如判斷問題時，最佳群眾規模為何；個體的性格類型在決策過程中扮演的角色；以及給參與者回饋有何益處等。不過有一件事是很清楚的：質疑者再也不能指稱，群眾智慧的證據純屬市井傳聞。如今已有大量的觀測證據能佐證群眾智慧，扎實理論的背書也漸次出爐。

不過，欠缺證據和理論，也許從來不是質疑者真正的理由。許多人就是不信任他們認定是一群愚民所做的決策。群眾智慧背後的運作規則，確實有違一般熟悉的理論，甚至與常識背道而馳。群眾智慧不同於抽彩球，規模較小的群眾，未必比規模大的群眾不可靠。專家「理所當然」的重要性，在此作用隱微，若是能加入更多獨行俠，比起召募更多「權威人士」，更可能產出更佳的集體智慧。

我們即將目睹一場預測革命，舉凡建造計畫到外交政策，所有事情都交給群眾智慧指引嗎？不一定。不過，你身邊的那些大師，也許已經不值得你去請示。

｜這樣思考不犯錯｜

在預測未來時，對於個人信誓旦旦的任何聲明，無論對方有多專業，都要非常當心。我們可以轉而利用預測市場（如cultivatelabs.com之類的線上服務），邀請有識之士分享見解，以金錢或掌聲為報酬。研究指出，預測市場的集體智慧，遠比任何所謂「大師」的預測可靠。

13

破解莊家優勢

2014年8月一個週五晚上，來自新罕布夏州的華特‧密斯可（Walter Misco）與琳達‧密斯可（Linda Misco）夫婦，走進拉斯維加斯的米高梅賭場（MGM Grand），直接走向金光閃閃、專門吸引輸家的吃角子老虎機器。這些「獨臂強盜」自從一個世紀前問世以來，已經把拉桿換成按鈕與電子裝置，不過讓人們擺脫金錢束縛的本領，至今完全不打折扣。密斯可夫婦不但沒有被嚇退，反而還特意找上萬惡之城裡最惡名昭彰的那台吃角子老虎：米高梅大的「獅子大開口」（Lion's Share）。「獅子大開口」是米高梅最早的吃角子老虎之一，自1993年上場以來，不曾吐出半毛錢彩金，因此聞名天下。然而，這個惡名並非沒有好處：「獅子大開口」是所謂累進式的吃角子老虎，多年吝嗇所累積的彩金，

足以讓中獎的幸運兒當場成為百萬富翁。這些年來，這台機器吸引了來自世界各地的玩家，開心地排隊等著拉桿。

輪到密斯可夫婦上場時，他們付了100美元賭金，原本不抱什麼期待。結果，他們才玩了五分鐘，忽見三顆綠色米高梅獅頭排成一列，剎那之間，機器五光十色，大鳴大放，宣告密斯可夫婦破天荒地贏得了「獅子大開口」240萬美元的全額彩金。

對許多人來說，這是幸運女神總算眷顧凡人的溫馨故事。當然這是媒體觀點，密斯可夫婦也在媒體詢問下，透漏他們打算用這筆錢送孫子上大學，再買台休旅車。不過，有些人會認為，密斯可夫婦的遭遇，正好點出賭場有多可惡，採用如此邪惡的手段，吸引賭客進門賠錢，絡繹不絕。

賭場事業：商業經營的精密算計

每個人對賭場的看法不同。有些人著迷於富麗堂皇的賭場形象，如電影「瞞天過海」（Ocean's Eleven）、「007首部曲：皇家夜總會」（Casino Royale）的描繪。有些人則是一想到遊手好閒的傢伙，把畢生積蓄塞進吃角子老虎裡，就心生反感。不過，想要真正理解機率的人，一定得去一趟賭場，因為賭場是或然率耍詐的神殿。全世界的賭場，年收入超過1,500億美元，見證了以一支數學分科做為商業模式的核心，是如何有利可圖。尤其，人總覺得自己懂得箇中玄機，其實不然。賭場的形象可能因為與好用拳頭勝於腦袋的人掛鉤，而蒙上陰影，不過它們之所以能成功，要歸功於他們巧妙地利用備受誤解的或然率定理：平均律。賭場裡

的著名遊戲，包括輪盤、花旗骰、吃角子老虎等，或然率大多可用頭幾條定理精確計算。算出或然率後，賭場就能創造出報酬看似合理、實則不然的商業模式。

所有的賭場遊戲都不是真正公平的遊戲，但狡猾就在它們大多也不致於太過偏頗。這項伎倆的巧門就在，賭場既要確保許多賭客能贏，也要讓「莊家」保有穩固的獲利邊際。

就以賭場最招牌的輪盤遊戲來說，輪盤有36個紅黑交替的數字「格子」。既然每個顏色都有18格，球落在紅格或黑格的或然率，顯然是50：50。賭場當然希望你這樣想，他們賠給下注紅格或黑格的賭客，機率確實相等。但若再看一眼輪盤，你會發現紅格與黑格之間還有一個不起眼的綠格，標著0號；美國賭場通常還會有第二個標著00號的綠格。這看起來似乎微不足道，誰都很可能看著輪盤轉個數十回，球一次也沒有落到綠格裡。但是，只要簡單計算，就會發現事有蹊蹺。假設你在拉斯維加斯賭場下注紅格，你的獲勝機率是紅格數目（18）除以輪盤總格數（38），因為要加上那兩個綠格。因此，你贏得賭博的機率，並不是18除以36，而是18除以38，等於47.37%，而不是50%。

這看起來不怎麼公平，事實上也是。那些綠色格使遊戲偏向賭場。但巧妙就在這裡：這個偏向程度非常輕微，還不到3%，在短期內（如在大多數賭客在輪盤桌的時間）很容易被隨機波動淹沒。經過幾小時，有些人可能大賺一筆，有些人則咒罵手氣，但沒有人會察覺這個有利於莊家的小偏誤。根據平均律，只有在輪盤轉1,000次以上，加上仔細觀察，這個偏誤才會明顯浮現。誰會花那麼長時間玩輪盤？答案是賭場；他們有幾十個輪盤，一天24

小時、一年365天轉個不停。因此，在個別賭客不覺得自己被愚弄的情況下，平均律能透過匯集所有賭客的下注次數，保障賭場享有2/38（5.3％，歐洲賭場則是2.7％）的獲利邊際，又稱為「莊家優勢」。

賭客與莊家的攻防

那麼，有辦法能破解莊家優勢嗎？這些年來，很多人採用各種簡單的策略試手氣，最後只落得運氣用盡。任何熟悉平均律的人都知道，「一路」押紅格的策略沒有用：球沒有記憶，因此每次轉輪盤的機率都不變。賭場喜愛談論各種投注法的好處，例如每次輸了就加倍下注、贏了就收手的馬丁格爾（martingale）策略；或是一些較花俏的策略，如拉布謝爾（Labouchère）下注法，或是達朗貝爾下注法（這位同名的十八世紀數學家，竟然無法理解擲銅板原理，光憑這點，你就知道這個下注法的效果如何）。這些下注法全都聲稱，只要在「有利」時加碼，在情況「不利」時減碼，就能對抗不可捉摸的機率。這些方法也許可以賺上一段時間，但最後全都一敗塗地，而且原因都一樣。首先，賭場根本不讓你根據下注策略加碼，他們全都有「下注上限」，以控管曝險程度。此外，還有平均律等著你，只要繼續玩下去，一定會逐漸感受到莊家優勢在打劫你，無論這個優勢多小都一樣。兩者雙管齊下，就能防止任何下注法把一場不公平的遊戲，轉變為可靠的收入金流。

即使如此，還是有些可以在賭場賺錢的方法，而且不靠耍

詐，靠的是看似零破綻的平均律的潛在漏洞。還記得平均律在說什麼嗎？把隨機事件發生的次數，除以它有機會發生、不斷增加中的次數，就能夠精確估算或然率。因此，以輪盤遊戲為例，球落在紅格的次數比例，隨著轉輪盤的次數增加，會愈來愈接近47.37％的理論值。

但是，這個在數學上無懈可擊的結果，有幾個地方要注意。最明顯的就是，它假設驅動遊戲的過程是隨機的。如同第一章的擲銅板例子，看似隨機而無法預測的事情，實際上可能極為複雜，最起碼大致上可以預測。就輪盤遊戲而言，四處跳動的球最終受到物理定律影響，不可能真正隨機，因為按照定義，隨機意味著什麼規則也不遵從。

這個平均律的漏洞，讓許多想要成功從賭場榨錢的人，有了理論支持。維多利亞時代的棉花業工程師約瑟夫・賈格（Joseph Jagger），深知機械裝置不一定會完全按照人的意思運作，因此轉而猜想輪盤的運作機制，是否藏有可資利用的瑕疵。他在1873年派了一組人前往蒙地卡羅，暗中監測布雜賭場（Beaux Arts Casino）的輪盤表現。他們確實發現，球較會落在輪盤中的某些區域，這個偏誤小到連賭場的管理團隊都沒有發現，但又大到足以在某些輪盤賭注中，壓制原本就很微薄的莊家優勢。在某些賭局的某些號碼，可以將原本稍微不利的機率，轉變為有利可圖。於是，賈格胸有成竹，前往蒙地卡羅，在1875年7月裡的短短幾天內，贏得相當於現今300萬英鎊的賭金，成為活生生的「蒙地卡羅銀行終結者」。

賭客聰明，莊家也不是笨蛋

賭場自此了解到，定期檢查所有賭具是否有瑕疵、磨損與功能衰退，有多麼重要。但這也無法完全彌補漏洞，因為就算是經過完美調校的全新輪盤，也得遵從物理定律，顯現起碼限度的可預測性。有史以來的賭場挑戰者中，數學家克勞德‧雪儂（Claude Shannon）跟艾德‧索普（Ed Thorp）可能是最聰明的兩個。他們在1961年建造了一部電腦，可以根據輪盤球放置處與放置方法，計算球四、五個可能的落點。這把原本對賭場稍微有利的獲利邊際，扭轉成對雪儂和索普高達40％的優勝率。礙於技術困難，他們無法把這套方法帶去賭場使用。不過，在1970年代末期，聖塔克魯茲大學有支由物理系學生組成的團隊，活用了這個構想：他們把一顆可以進行計算的微處理器藏在牛仔靴裡，前往拉斯維加斯，據說狠狠撈了一筆。

這套利用物理定律鑽平均律漏洞的策略，如今結合了更精緻的科技。2004年3月，一個東歐三人組利用藏在假手機裡的雷射，蒐集預測球落點所需的資料，從倫敦的麗池賭場（Ritz casino）撈走130萬英鎊。在分析過監視錄影帶之後，賭場報警處理，不過這三人組未受起訴就被釋放，而且還可以保有他們贏得的賭金。

另一個更微妙的平均律漏洞，可以從賭場的熱門撲克牌遊戲賺錢，那就是黑傑克（或稱「廿一點」）。簡單說，這個遊戲是玩家和荷官都拿牌，玩家賭自己手中牌的總點數，比荷官更接近21點，甚至剛好是21點（也就是「黑傑克」）。各地規則儘管可能有

出入，但一般來說，這種遊戲是不公平的，雖然莊家優勢非常薄弱，還不到1％。不過，在計算莊家優勢時，有個隱藏起來的漏洞可供有技巧的玩家利用。撲克牌是洗牌後發牌（洗牌次數一般是六次左右），發出的牌只用一次，不再放回那疊撲克牌裡（數學家把這個過程稱為「不重覆抽樣」）。因此，雖然特定的牌點會隨機出現，卻不會無止境地出現：如果牌局用到四副牌，一旦你看到16張王牌，除非重新洗牌，否則王牌就不會再出現。也就是說，拿到黑傑克的機率並非固定，而是會隨著比賽進行而改變。這點和輪盤類的賭場遊戲不同，鬆動了平均律的掌控，玩家的勝率因此大增。更棒的是，你也可以打破規則，不再受限於不能單以某種下注法把不公平的遊戲變得有利可圖。在黑傑克遊戲中，你可以在勝率不利時按兵不動，在勝率有利時押大注。

出手時機涉及算牌技巧。算牌技巧是由數學家索普所發明，在1962年出版、迄今仍在印行的暢銷書《擊敗莊家》（*Beat the Dealer*）中，他將這項技巧公諸於世。賭場起先不以為意，以為這不過是另一個「迅速致富」花招。結果，他們大錯特錯，以為光是洗牌就足以保住莊家優勢，卻沒有注意到，玩牌過程中，發出的牌都會亮牌，玩家因此能對牌局發展掌握一些線索。

索普想出一套系統，記錄已經出現的牌，藉此修正下注額。算牌的影響相對為小，因為它需要相當厚實的賭本做為後盾，還得要持續全神貫注，才能靠算牌獲取可觀的利潤。即使如此，索普的書一出版，從大專學生到退休人士，只要是願意下功夫鑽研算牌技術的人，都可以從賭場撈走一大筆錢。賭場當然不會坐以待斃，簡單的第一步就是增加牌局使用的牌數到至少六副牌，增

加了算牌所需的心神。接著,他們引進自動洗牌機,牌局進行中途重新隨機洗牌,擾亂算牌計畫。自動洗牌機的洗牌速度,增加了每小時的發牌次數,因此讓莊家優勢有更多時間可以發揮作用。許多賭場甚至單靠改變黑傑克的標準賠率,就能抵銷掉算牌創造的微小優勢。

儘管如此,還是有很多算牌者前來挑戰,而賭場也有對付這些人的壓箱寶:「私下談談」(Quiet Word)。雖然算牌並不違法,但是大多數的賭場都不能容忍疑似算牌的行為,而且他們也不刻意隱瞞這點。據說在2014年,好萊塢明星裡的玩牌高手班・艾佛列克(Ben Affleck)就在硬石賭場(Hard Rock Casino)被管理階層叫去「私下談談」,告訴他賭場很歡迎他去玩任何其他遊戲;在賭城,這就表示,「我們認為你在算牌,你給我收手」。

賭場大亨是這樣玩的

要在賭場賺一把最有效的唯一策略,也許是擺明你有一套賭博策略,這樣你就會成為賭城行話裡的「大亨」(whale)。賭場最愛大亨,因為他們花錢不手軟,輸錢輸更大,但總是付得起。因此每當大亨心血來潮,想要豪賭一把時,賭場總是歡喜開門接客。那正是賭博大亨兼黑傑克專家唐納・強森(Donald Johnson),在2011年橫掃大西洋城數家賭場時,希望得到的待遇。他先表明自己一把就會下注25,000美元,再經過談判,成功更動許多黑傑克的標準規則,這些更動全都會減低莊家優勢。接著,他使出兩招老式黑手黨經營賭場常用的策略:聲東擊西、威

脅恫嚇。強森每次玩牌，都會帶上一群撩人美女，美女加上讓人神經緊張的豪賭，賭場荷官因此一時閃神，犯下錯誤，讓強森自由下注，最終把優勢扭轉到他這邊。

強森在大西洋城各大賭場採用這套策略，幾個月內帶走約1,500萬美元。他破天荒的成功登上頭條，賭場經理紛紛捲舖蓋走路。許多賭場當然也無可避免地找他去「私下談談」，謝絕光臨。

所以說，古來的傳聞是真的：我們確實能夠打敗莊家。壞消息是，你要有相當的技巧、決心和口袋深度，缺一不可。不過，大多數去賭場的人，並不打算以此為業，只是想找點樂子，加上禁不住有可能贏到一點錢的誘惑。好消息是，如同下一章要談的，或然率定律能提供一些上好訣竅，讓我們有最大的機會享樂、贏錢，一舉兩得。

這樣思考不犯錯

賭場是運用或然率定律營利的工廠。這些定律裡的漏洞，確實有可能讓賭客獲取部分利潤，但利潤並不多，而且這需要技巧、決心和雄厚賭本，才能從賭場榨出利潤。

14

聰明反被聰明誤

　　密斯可夫婦身懷240萬美元，走出拉斯維加斯的米高梅賭場，他們不曾宣稱自己贏錢除了靠運氣，還有其他原因。他們只是在吃角子老虎機器「獅子大開口」21年來首度吐出彩金的那一天，碰巧玩到這台機器而已。這台機器在這段歲月中，靠著平均律背書的穩定收入，一共為賭場賺進超過1,000萬美元的利潤。顯然，無論密斯可夫婦贏得多少彩金，對這台吃角子老虎機器來說，都絕對稱不上「獅子大開口」。認真的賭徒根本不會去碰吃角子老虎，因為吃角子老虎有高達5％到15％的莊家優勢，而且完全不需要技巧。相反地，高手會專注於黑傑克、百家樂等莊家優勢很低的遊戲，盤算如何用算牌之類的策略技術牟利。

　　然而，即使是最聰明的玩家，也可能落入以為自己是靠技巧

贏錢的思維陷阱，實際上平均律始終在作用。他們若去玩百家樂等莊家優勢確鑿的遊戲，平均律最終會逮到他們。因此，知道何時收手，是職業賭徒的必備關鍵技巧。即使如此，最聰明的玩家還是可能聰明反被聰明誤。

平均律總會逮到你

日本房地產大亨柏木昭男既聰明，又有錢。他很著迷玩百家樂，而他不顧一切的玩法，為他贏得「勇士」的稱號。一連幾天泡在賭場、一注就是 10 萬美元的豪賭，他絲毫不放在眼裡。在賭場經理眼中，柏木昭男就是「大亨」：有錢、有自信、願意下大注。因此賭場招待他的規格也很慷慨：包吃包喝，住貴賓專屬客房，甚至連往返賭場的機票，都是賭場管理階層買單。賭場的目的很簡單：讓他在賭場裡待得夠久，好讓平均律把他吃乾抹淨。百家樂跟黑傑克不同，有技巧的玩法或下注法，無法擊敗這個遊戲的莊家優勢。1957 年，兩位數學家發現玩百家樂的最適方法，然而也只能拖延無可避免的敗局。這遊戲只要玩得夠久，就難逃平均律的宰制。

1990 年 5 月，大西洋城新開幕的川普泰姬瑪哈賭場（Trump Taj Mahal casino），特別為柏木昭男安排的百家樂遊戲，就是如此。賭局是 20 萬美元一注，一直進行到柏木昭男或賭場贏得 1,200 萬美元為止。柏木昭男名不虛傳，很有技巧又頑強地玩下去，累積到 1,000 萬美元。但接下來，微薄的莊家優勢開始跟他作對，而他又犯下所有蠢賭徒都會犯的經典錯誤：想把輸的錢贏回來。幾

個小時過去，柏木昭男開始賠損累累，最後在6天內、連續玩70個小時後，他抓起價值200萬美元的籌碼，起身走人。

但是泰姬瑪哈賭場的策略，之後才開始失算。賭場認定柏木昭男能夠償還欠下的1,000萬美元賭債，但是到了1992年1月，還有600萬尚未索回，柏木昭男被人發現死於富士山附近的自家住處。他身刺一百多刀，有些人認為這是日本黑手黨「極道」所為。奇特的是，柏木昭男因為馬丁・史柯西斯（Martin Scorsese）1995年拍攝的電影《賭國風雲》（*Casino*），彷若永垂不朽。電影更動了一些細節，在大西洋城的柏木昭男，變成在拉斯維加斯的「市川K.K.」，不過最後的結局與教訓是一樣的。市川一開始有贏錢，但卻變得貪心，百家樂之類的遊戲玩得太久，最後就必須承擔後果。

電影中的賭場經理山姆・羅斯史坦（Sam Rothstein）一角，是根據真實賭場老闆、綽號「左撇子」的法蘭克・羅森薩（Frank Rosenthal）所打造。山姆清楚點出賭場釣大亨的策略：「天字第一號規則，是想辦法讓他們一直玩，而且還要讓他們回來再玩。他們玩得愈久，就輸得愈多。到了最後，我們會得到一切。」

然而賭場想要成功，不只是需要大亨；即使是莊家優勢最豐厚的遊戲，沒有賭客進門，就無用武之地。這條基本的真理，為這個百家樂大亨故事埋下意外的轉折。2014年，大西洋城有五家大賭場，因為生意不佳而關門大吉，包括柏木昭男的宿敵泰姬瑪哈賭場。

賭客大多不是大亨，但若不自量力，太過冒險進取，還是有可能變冤大頭。對危險徵兆保持警覺，知道哪些誘餌不可碰，避

免上賭場的鉤，這些都很重要，因此你要會應用或然率定律。雖然或然率定律背後的數學十分複雜，而且迄今仍有爭議，不過要應用這些定律，培養直覺反應，倒是相當簡單。

和隨機玩捉迷藏

頭一件要利用的特質就是，隨機性通常需要時間才能夠展現。擲銅板擲個幾次，絕對可能全部擲出正面或反面，看起來一點都不隨機。但如果繼續擲下去，擲銅板的兩個可能結果，就會愈來愈明顯，顯示數學家所稱平均律的「漸近性」（asymptotic）確實存在；亦即平均律對於相對頻率的論述，只有在事件發生序列無限大時，才能全然適用。在有限序列下，各種可能性都不能算違背隨機性；極短序列的結果，可能會與長期平均值差異懸殊。

把這個特質應用於賭場遊戲，則表示在短期的賭博裡，可能會得到與莊家優勢（或稱獲利邊際）大不相同的結果；若一開始的莊家優勢確實很微薄，玩家就有機會大賺一筆。最短的短期，當然是只玩一次。儘管只玩一次也無法翻轉勝率，對你有利，但確實能把曝露在平均律效力的程度降到最低，因此把莊家優勢讓人有感的時間降到最低。導論中提到的瑞威爾，就是採取只玩一次的策略，贏得了萬眾矚目的135,000美元。他只玩一次很聰明，不過也算他走運。

這種大膽的玩法不是膽小鬼的遊戲，對於想要體驗賭場氛圍的人來說，也不是好主意。我們需要折衷，最佳策略就是尋找莊家優勢最少的遊戲，玩的時間夠長，足以讓好運有機會出現眷顧

你，但又不會長到讓平均律開始讓你感受到它的存在。

要符合第一項條件，就要避開吃角子老虎跟基諾型（keno）樂透遊戲（譯注：玩家自選投注號碼跟數目，開獎時抽出一定數目的獎號，然後根據玩家猜中的號碼數目分派彩金），這些遊戲的彩金高得驚人，因為這些彩金來自驚人的莊家優勢。你應該把注意力放在單純的輪盤下注（如押紅或押黑），或是學習怎麼玩黑傑克、花旗骰等莊家優勢低的遊戲，試著從中得利。

接著就是決定要在賭場裡花多少時間和金錢，然後玩到時間或金錢用完為止。但是，別把時間浪費在下許多小賭注上，那只會減低好運到來的機率。例如，你若帶了100英鎊去賭場，決定在輪盤上試手氣。視生意狀況而定，輪盤一小時大概可以玩30到40次。如果你一注10鎊，花15分鐘賭完，至少不輸不贏的機率會略高於一注5鎊玩半小時。因為一注10鎊只需玩10次，一注5鎊要玩20次，曝露在莊家優勢下的時間若能減半，就能把在輸光前贏得50鎊利潤的機率，從三分之一提高到大約一半。若你賭10把押紅或押黑，就數學上來說，至少不輸不贏的機率超過一半，還有將近三分之一的機率可以賺到錢，而且你百分之百可以說，你玩輪盤時完全知道自己在幹嘛。

切記，設定目標別太過火，如不賺到一倍絕不出場等。較中等的目標，達成機率也較高。例如，一注10鎊玩押紅押黑，雖然有一半機率在輸光前把100鎊變成150鎊，但若是把目標提高到200鎊，達成的機率就會減半。若你提早達成目標，千萬不要相信「手氣正旺」的蠢想法，趕快帶著錢走人——否則等到隨機怪獸醒來吞噬一切，為時晚矣。

　　遵循這些規則[1]，你就比較有機會面帶微笑，走出機關算盡的或然率神殿。

這樣思考不犯錯

　　職業賭徒也會誤把運氣當成技巧，在賭場裡待太久，想要擴大獲利或贏回損失，最後死在大數法則手裡。想在賭場度過開心時光的訣竅，就是嚴守紀律，收斂野心，並設定停損。

15

賭博的黃金法則

　　如果說賭場代表賭博光鮮亮麗的一面，那麼小巷裡的博彩公司，大概就是賭場的反物質版：俗艷、無趣，帶著威嚇感，因遊手好閒之輩與亡命之徒經常在此聚集而惡名昭彰。然而他們也見證了熱門程度連輪盤和黑傑克等遊戲都比不上的賭博形式，那就是運動彩券。從哪匹賽馬會贏得英國國家大賽（Grand National），到一場足球比賽會發出多少張黃牌，運動彩券簡直萬事皆可賭。

　　運彩是龐大的全球企業體，年收入據估約有一兆美元。在香港，光是賽馬每年就帶動超過100億美元的資金流動。世界盃之類的單一運動賽事，賭金也能達到類似的規模。

　　如此鉅額的賭金，反映出有數億人用辛苦錢，享受偶爾「小

賭一把」的樂趣。隨著網路下注問世，現在要小賭一把，真是再便利不過了。英國最大的線上博彩公司Bet365，在2015年經手超過350億英鎊的賭金。儘管禮教社會向來對賭博感到不悅，但是再怎麼大聲疾呼，也無法遏止賭博日趨流行。就算有人認為在埃普索姆（Epsom，譯注：英國小鎮，當地有著名馬場）支持某匹賽馬，是不可剝奪的權利，他們也必須面對一個事實：經常玩運動彩的人，大多會輸錢，有時還會後果慘重。雖然你很想把一切都怪到博彩公司頭上，然而真正的原因卻昭然若揭：大多數常賭的人，其實不知道自己在幹嘛。他們可能看得懂紀錄本，也會玩獨贏及位置投注（each-way bet），但若是談到如何發現不錯的賭注，並從中得利，他們其實一點頭緒也沒有。當然，這正是博彩公司的獲利關鍵。

據估計，運彩玩家有95％無法持續獲利。[1]那麼，另外5％的玩家，究竟有何獨門訣竅？令人驚訝的是，他們的訣竅不是十分複雜；最令人驚訝的是，知道的人竟然這麼少。難是難在如何實際應用這項訣竅。只有實際試過的人才會明白，為什麼如此單純的原理會擾亂思緒，混淆理智。

從劍橋輟學的賭馬奇才

很少有人能像英國賽馬賭徒派崔克・維特奇（Patrick Veitch），如此精通賭博的藝術跟科學。[2]他因為擅於此道，成為身價數百萬的富翁，也被英國博彩公司封為「天字第一號大敵」。但是，對於夢想和他看齊的人，他的成功背景足以做為警惕。

首先，最重要的是，維特奇極為聰明。他年僅15歲就進入劍橋大學三一學院攻讀數學（那是牛頓的母校）。儘管因為太過年輕，無法及早開始研究博奕，不過他還是在1980年代末期，鑽研正經賭客所需的技巧。他很快就決定把重點放在賽馬。賽馬吸引他的原因，不是因為賽馬受歡迎，而是因為賽馬很複雜。一匹賽馬勝出的機率，取決於很多因素，從賽馬過去的表現、競爭對手資質，到比賽當天的賽道形狀與狀況，都會影響勝出機率。當時還是青少年的維特奇，除了覺得賽馬在智識上很具有挑戰性以外，還發現了一件大多數賭客永遠也掌握不到的關鍵：賽馬的複雜性讓他得以擁有最佳機會，發現其他所有人都忽略掉的因素，包括每次賽馬都靠這個機率「抽成」的博彩店。這是維特奇致富基礎的賭博策略得以成形的先兆。

維特奇在三一學院，迅速在應用數學領域嶄露頭角，不過他的學習方式跟其他學生不太一樣。當其他人坐在教室裡聽向量微積分時，他跑去賽馬大會現場，總是下注1,000英鎊。維特奇之後開始提供下注建議服務，事業大獲成功，到了最後一學年開始時，他每個月都有10,000英鎊的收入。維特奇覺得研讀數學只是浪費時間，因此在取得學位前，就從劍橋大學輟學。

維特奇很有可能不曾聽過任何一堂大學部的或然率課程。若他有聽過課，就會碰上平均律（學者給了它一個無助於理解的名字：弱式大數法則）的標準證明，學到平均律的意涵：就長期而言，任何機率事件的發生次數，除以它有機會發生的次數，愈來愈能精確地反映真實或然率。毫無疑問地，學生會拿到考題，依照要求練習計算擲銅板跟擲骰子的某種結果，或然率是多少。然

而這一切都難以引起維特奇的興趣，對他也沒什麼用，因為這種或然率是錯誤類型的或然率。

輪盤靠公式，賽馬憑判斷

或然率有好幾種類型，這個觀念幾個世紀以來，讓學者為它爭辯得面紅耳赤。稍後的章節會談到這項爭議一些令人不悅的後果。它衍生了許多術語〔「機遇」（aleatory）或然率vs.「認知」（epistemic）或然率，頻率主義vs.貝氏主義〕、哲學沉思和數學運算。不過，藉由賭場跟博彩公司的差異，或然率具有不同形式的基本概念，倒是很容易掌握。賭場知道輪盤、花旗骰和吃角子老虎等遊戲，各種結果出現的機率；這些或然率不必猜，也不必用原始資料估算，只要應用幾條原理就能發現。賭城的輪盤有38格，球落入任何一格的機率就是1/38，每一格都一樣。那就是該事件的隨機或然率（用術語來說就是「機遇」或然率），賭城因此得知平均律會為他們大展身手。相對地，博彩公司卻沒有這樣的保證。那是因為只用那幾條原理，根本不可能算出一匹馬勝出的或然率是多少。賽馬跟轉輪盤不一樣，結果取決於許多變數的複雜結合，像是馬匹對騎師的調適狀況，以及賽道本身的狀況等。因此博彩公司必須倚賴自身的判斷，決定一匹馬的勝出機率（用術語來說就是「認知」或然率），然後以此設定賠率。

不過，博彩公司與賭場也有共通之處，那就是他們為了賺錢，賠率多少不太大方。在此舉例說明箇中機巧。假設博彩公司設定賠率的人，認為有匹馬勝出的機率是40％（下注用語叫「4

或然率的奇特表述

運彩賭徒下注是為了贏錢（至少理論上是），因此傳統上，他們不以或然率描述事件機率，而是說下注贏了之後能有多少利潤。舉例來說，他們不說某匹馬有22％的機率勝出，而是說某匹馬「2賠7」（7 to 2），意思是每下注2鎊，賭贏的利潤是7鎊。若要把「X賠Y」的賠率換算成以百分比顯示的或然率，就用X除以X+Y，再乘以100。對於高或然率的事件，賭徒會說這事件「3賠1」（3 to 1），意思是每下注3鎊，只有1鎊的利潤。若要把這些賠率換算成百分比，也是套用同樣的公式，如「3賠1」就是75％。

賠6」，意思是你每下注4鎊，贏了就會給你6鎊。詳見專欄）；不過，博彩公司貼出的實際賠率不會是4賠6，而是接近「一半一半」，意即有50％的機率勝出。義如其字，一半一半的賠率就是你每下注4鎊，贏了就給你4鎊。這比4賠6的彩金吝嗇多了。換句話說，這樣的賭博報酬對賭客並不公平，而中間的差額就落到博彩公司的口袋。任何認為博彩公司的賠率，準確反映事件發生機率的人，完全落入博彩公司的陷阱。博彩公司貼出的賠率，相當於賭場假裝提供公平的賭金，事實上完全不是那麼一回事——而中間的差額，就是他們的獲利邊際（有時稱為「莊家優勢」或「抽頭」），經常達到20％以上。

博彩公司的保障獲利手法

　　它聽起來確實是個利潤豐厚的營運模式，但它遠不如賭場的莊家優勢那麼可靠。因為博彩公司的賠率是根據判斷訂出來的——而賽馬和任何運動事件一樣，都有可能脫稿演出。博彩公司為了保護自己免於受害，就會對每個可能發生的結果，如足球比賽主隊贏球、客隊贏球或是雙方平手，都提供不公平的賠率。雖然他們必須要在對手公司賠率，與賭客願意接受的賠率之間，找到一個平衡點，不過他們的目標是找到一個無論比賽結果如何，他們都有相當機率能享有可觀獲利邊際的「平衡賠率」。

　　我們以某家博彩公司對2016年歐洲盃足球賽一場資格賽提供的賠率為例，將各種可能比賽結果對應的賠率，換算成事件發生的或然率：

比賽結果	英格蘭勝	斯洛維尼亞勝	平手
賠率	11賠4	1賠10	1賠4
對應或然率	73%	9%	20%

　　這一切看似合理。比賽只有其中一隊獲勝或是踢和等三種結果，全都有對應的賠率。英格蘭勝的機率大過斯洛維尼亞，不過兩隊當然也有可能踢和。但是如果看得仔細一點，博彩公司保障自身獲利的企圖心，其實相當明顯。

既然比賽不出這三種結果,個別機率加總起來,就必須是100%,然而根據這本「賭冊」,加總起來卻是102%。這點就漏了餡,表示博彩公司的賠率,並不是他們實際上認為每個結果會發生的機率,否則加總起來應該是100%。換句話說,從博彩公司的觀點,這裡頭最少有一個結果,發生的真正機率比公告的低,而這2%的差額就是他們中飽私囊的利潤。

平心而論,博彩公司為了把這些不公平的賠率調整到剛剛好,得耗費相當程度的功夫,因為唯有它們以真實機率的準確推估為根據,才能轉變為獲利來源。倘若訂賠率的人推估真實機率時算錯了,就會在無意間提供過於大方的賠率,給予維特奇這類的高明賭徒可趁之機。他們會各憑本事,推估每個結果的真正機率,然後跟博彩公司的賠率做比較,找出所謂的「價值」賭注,也就是博彩公司在分析時沒算到某個關鍵因素,因而提供了過於大方的賠率。

做這些事情需要極大的技巧跟決心,不過本質上可以歸納成一條簡單的公式,可稱之為「賭博的黃金法則」(詳見專文)。

賭博的黃金法則不過是明白點出一個事實:你不能對博彩公司提供的賠率照單全收。這些賠率經過刻意編造,彩金比應付的少;博彩公司推估過這些事件的真正或然率,通常都比賠率對應的或然率低很多。因此若有人根據博彩公司提供的賠率,推敲某人或某隊勝出的機率,一定會輸到傾家盪產。

賭博的黃金法則

賭博要經常賺錢，需要有經驗證能找到「價值賭注」的方法。價值賭注的條件就是，事件發生的真正機率，遠高於博彩公司賠率的對應機率。因此，要找出價值賭注，就必須挖掘連博彩公司在推估事件真實機率時遺漏、卻會影響結果的因素。若是沒有一套經過驗證的方法，找出這類因素並加以利用，賭博最終會導致嚴重損失。

你知道的，他們不會不知道

當然，若只是偶爾小賭一把，倒也無傷大雅。真正的機率與貼出的賠率之間，差異通常夠小，你可以把賠率當成是各種結果相對排名的粗略指標。賠率幾乎是一半一半的奪標熱門，真的會比排名外的黑馬更常勝出。不過若你隨興下注的次數太多，隨著平均律的長期效應發威，差異就會開始顯現，危害你的荷包。

舉例來說，倘若有人在1991年到2010年的20年間，對英國舉辦的144,000場賽馬比賽，每一場都挑賠率最好的那匹馬下注，那麼他大約每三場比賽會贏一場。這聽起來還蠻厲害的，加上賠率若是比1賠2大得多，真的可以大賺一筆。可惜事與願違：博彩公司通常對奪標熱門提供的賠率，會比一半一半來得差，因此雖然你贏得大約三分之一的比賽，但是另外三分之二比賽輸掉的賭

金，會讓你賠掉所有贏來的賭金再倒貼。事實上，根據紀錄，若
這20年的每場比賽都下注10鎊押奪標熱門勝出，最後會淨損超過
10萬鎊。

對比之下，根據賭博的黃金法則，職業賭徒有方法可以賺
錢。就如同在賭場賭博需要技巧一樣，你得找出博彩公司因輕忽
而提供的優渥賠率。這些賠率不能只是優惠一點點，博彩公司的
輕忽必須大到足以涵括你自身判斷的容錯邊際，再外加獲利邊
際。舉例來說，假設你認為雅士谷（Ascot）賽馬場下午兩點半的
比賽，有匹馬勝出的機率相當不錯，而博彩公司提供的賠率是1
賠3；根據賭博黃金法則，你只有在深信那匹馬有「相當不錯的機
率」勝出，而且或然率明顯高於與博彩公司賠率對應的勝出機率
時，如高出25％，你才應該下注。安全邊際加上獲利邊際，根據
賭博黃金法則，只有在這匹馬勝出的機率最少有35％時，你下注
賭牠贏才合理。你真的相信博彩公司會那麼大意嗎？

很多意氣風發的職業賭徒都在這個問題陰溝裡翻船。他們認
為問題關鍵只在於找出誰會勝出。為了尋找答案，他們可以每天
花好幾個小時研究「紀錄本」、專家文章跟線上網站，以建構出
足球隊或網球選手鉅細靡遺的圖像，然後等著捕捉真正的勝機浮
現，如明星攻擊手傷癒歸隊，或是網球選手在紅土球場表現較佳
等，得到這些見解後，他們就去博彩公司下注。不過，他們沒想
到的是，他們擁有的這些資訊，博彩公司的專家全都有，而且多
更多；博彩公司還會使出渾身解數，對每個可能勝出的結果，提
供不公平的賠率。因此你每次賭贏所獲得的利潤，實在無法彌補
賭輸的賠損，於是長期下來，賭徒注定賠錢。

壞消息：運彩市場趨近效率市場

對那些未能掌握關鍵問題的賭徒，偶然賭贏（經常賭贏也一樣）幾乎變成一種負擔，因為它會掩蓋賭博的長期結果。只有在經年累月之後，賭贏無法轉成經常性獲利的事實才會明顯。平均律把他們吃乾抹淨的速度很緩慢，但是很穩健。

像維特奇這種成功的運彩賭客，採取了極為不同的方法，才能獲致大不相同的結果。他們的重點不是找出贏家，而是找出博彩公司明顯低估的勝率。他們的行為常讓業餘賭客看不懂，例如在一場賽馬一次下注賭好幾匹馬。你若把注意力放在找出誰會勝出，這看起來就完全不合理，因為賽馬只會有一個贏家。但是對於那些深知找出價值賭注才是關鍵的人，在單一一場比賽裡找到好幾個價值賭注，完全有可能。

不過，說是一回事，做是另一回事，還有些人懷疑這根本不可能。曾有一段時間，有決心的運動賭客總是能夠找到許多機會賺錢。博彩公司把注意力放在流行運動的大聯盟賽事時，專業賭徒總是能從小聯盟比賽或冷門運動中，挖出錯置的賠率；雖然報酬還不錯，仍然得大費周章才賺得到。然而，自2000年代中期以來，無論下多少苦工夫，能否從運彩裡賺錢，已是未知之數。所有的大型博彩公司，如今都倚賴複雜精細的歷史資料統計分析，加上由專業顧問公司提供的電腦模型，以訂出賠率。除此之外，他們還廣泛採用像是「必發」之類的下注交易所，參考數千個人見解所產生的賠率，及龐大亞洲下注市場的賠率。這些地方產生的賠率，是群眾智慧的產物，結果極為可靠。如此發展的結果

是，在數千個運動事件裡，賠率是1賠3的事件，發生的機率真的就大約是25％。下注交易所獲利的商業模式，與博彩公司大為不同（說白了就是從獲勝的賭注抽成），因此下注交易所的賠率，確實是真實或然率的推估值，而不是博彩公司刻意調降以產生獲利邊際的誤導賠率。所有這一切都意味著，現在要抓到博彩公司的疏失，做價值下注，可謂難上加難。經濟學家會說運彩市場從未如此「有效率」，市場貼出的賠率，基本上已經反映了任何人能夠獲得的所有資訊。隨著所謂的投注「機器人」問世（也就是由電腦演算法偵測，下注交易所是否出現任何錯置賠率），市場上即使出現暫時的無效率，也會在幾秒鐘內消失不見。

「價值賭注」仍是惟一獲利之道

即使如此，打算在運彩努力一搏的人，仍然有賺點小錢的空間。訣竅是分析歷史資料，尋找博彩公司忽略了哪些因素，因而產生無效率現象，提供優渥的價值賭注。參賽馬匹數目就是一個典型因素：參賽者眾時，博彩公司就較難以準確訂出賠率，因此可能錯過勝算高的黑馬，但比賽中毫無希望的陪榜賽馬，也可能妨礙較佳的賽馬。反過來說，小型的比賽場子就較容易評估，也較沒有機會爆冷門。所以，介於兩者之間的場子，如6到10匹馬參賽，比較有機會找到價值賭注。另一種途徑是投注於「新奇」市場，如賭一支球隊全場射正幾次。博彩公司對於分析這些事情的努力相對較少，有可能忽略某些因素，從而產生價值賭注。無論選擇哪種途徑，要尋找、確認這類因素，都涉及資料探勘（date mining），而如同後文會提到的，這裡頭有很多等著疏忽大意者落入的陷阱。至於那些擅於此道的人，當然不會大聲嚷嚷竅門何在，因為這類因素一旦廣為人知，就會被納入公布的賠率「計價」，從而消除原有的價值賭注。就如同英國賽馬系統分析師兼報馬仔尼克・莫丁（Nick Mordin）所言：「下注系統就像吸血鬼，一攤在陽光下就見光死。」

要靠賭博賺錢，有沒有比較輕鬆的方法？有的，如果無數網站聲稱的方法都可信的話。這些網站推銷聲稱能夠找出贏家的書籍、電腦軟體跟諮詢服務，但它們真的管用嗎？它們有許多確實能找出不少贏家，不過就如同賭博黃金法則所指出的，那既沒有特別困難，也不是關鍵所在。從賭博獲得長期利潤的唯一（合法）方法，是設法找到價值賭注。有些諮詢服務當然會聲稱自己能做到這點，不過接下來的問題出在人性的貪婪：一旦某項諮詢服務證明可靠，勢必會吸引口袋裡的金錢多過大腦裡的理性、想在博彩公司豪賭一把的人。博彩公司對此總是十分留意，一旦出現新威脅，就會調降賠率做為因應，藉此保護獲利邊際，同時消除任何價值賭注。此外，博彩公司對賭客不是來者不拒，對於像維特奇這類職業賭徒，找出價值賭注是一回事，能否大筆下注從中獲利，又是另一回事。急欲保護現金流的博彩公司，可以拒絕他們認為聰明睿智的人下注，也真的會這樣做，因此如何「上車」反而是職業賭徒的一大挑戰。線上博彩公司會使用軟體，揪出那些成功威脅到他們的營運模式的賭徒，然後對他們設定極低的「下注上限」，或是乾脆關閉他們的帳戶。

大多數人賭博只是小賭怡情，可能只有在英國國家大賽、美

國超級盃或是肯塔基德比賽馬節（Kentucky Derby）等年度大型賽事時賭一把，從未想過以賭博維生。這也很好，因為大多數人並不知道賭博黃金法則，更別說如何應用這條法則踏上成功賭博之道。其實，這就像進賭場賭博，除非你願意下苦功，否則最可能靠賭博發一筆小財的方法，是一出手就要大手筆。

┃這樣思考不犯錯┃

想成為出色的賭徒不是夢，只需要三個條件：洞悉賭博黃金法則；具備專業，能找到符合賭博黃金法則的機會；還有，個性能應付機率的捉摸不定。證據顯示，至少有95％的人不具備這些條件。

16

買保險？還是碰運氣？

　　無論我們喜不喜歡，都會碰上不得不賭賭看的時候。這些事情可能與賭場、博彩公司無關，但仍然會牽扯到金錢與不確定性。你如果有間房子，就會有建物保險，也許還會附加動產保險。換句話說，你之所以付一大筆錢，反映的是對某不確定事件的看法：你家可能會發生某些災難。這與健康保險、人壽保險以及投資一樣，都是賭注。然而這些是好賭注嗎？大多數人購買消費電子產品，面對廠商提供的加價購買「延長保固」時，腦中大概都會閃過這個問題。延長保固以前是貴重物品才有，到了1990年代中期之後，從手機到油炸鍋，幾乎什麼東西都有延長保固。延長保固直到今天，都是一門大生意：光是在英國，每年就有數百萬人購買延長保固，多繳了大約10億英鎊。但是，延長保固究

竟值不值得，也有很多爭議。有些人主張，大多數電子產品的故障率實在很低，不值得多花錢。有些人則認為這不單是或然率問題，購買延長保固的人，除了想得到產品故障換新的保障，也是花錢買安心。

事實上，我們在現實生活中做的賭注，比起在賭場之類的場所，確實比較曲折微妙。幸好，要了解這些事情，早在幾百年前就已經出現基本概念。這是機率定律最有用、也最受爭議的應用之一。在不確定性下做任何決定，首先要問一個問題：可能的結果是什麼？回答這個問題的基本方法，出自 17 世紀卓越的法國大學者、率先研究或然率理論的帕斯卡（Blaise Pascal）。這個方法如此強大，卻極為簡單：對不確定事件的預期結果，可藉由結果乘以發生的實際機率做為評量。例如，有個賭注贏得 100 鎊的機率是 20％，這 100 鎊是賭注的結果；根據帕斯卡的主張，我們對這個賭注的預期結果，是 100 鎊乘以 20％（發生機率），即期望值 20 鎊。就這麼簡單，但有道理嗎？畢竟我們實際上得到的，不是 100 鎊，就是一毛也沒有，永遠不可能是 20 鎊。當然，只有賭了才知道是哪一種結果，但到了那個時候，恐怕有點為時晚矣。

期望贏，也得期望輸

帕斯卡法則的妙用就在於，它讓我們在實際去賭之前，就能夠估測價值。要說明這點，想像一下你一生當中，遇過非常多次「五分之一機率」的賭博，次數多到足以使大數法則相當可靠。如此一來，我們知道自己在所有這些賭博中，會贏的比例差不多就

是20％左右；因此平均來說，我們能帶回家的獎金就是全部獎金的20％。帕斯卡法則只是把同樣的推論，應用在每一次個別的賭注，並稱之為「期望值」，讓我們在事前就可以決定賭注是否值得。我們只需自問，期望值是否值得我們下注。

在這個賭贏機率20％的案例，贏錢的期望值是100鎊的20％，也就是20鎊。然而務必小心，別和許多業餘賭徒一樣，一看到贏錢的可能就昏了頭，落入陷阱。我們也要面對輸的可能，而輸的風險高 80％。因此，我們現在再應用一次帕斯卡法則，看輸的結果如何。我們顯然不希望預期損失超過預期利得，因為這意味著長期來說會輸錢。在這個例子中，我們可以做的是不要拿太多錢冒險，以免輸掉的80％，超過預期會贏的錢，也就是20鎊。這表示拿去冒險的賭金不能超過25鎊（25×80％＝20）。你當然可以偶爾不按牌理出牌，但要是你一直違反帕斯卡法則，一定會後悔。

延長保固：你的心安是廠商的獲利

帕斯卡法則的威力，用途不只有單純的遊戲。對於職業賭徒，這是賭博黃金法則的支柱，是為他們指引賺錢之道的光芒。他們按照自己對勝算的評估，嘗試辨別報酬（莊家的賠率）是否合理。倘若賭贏的期望值超過賭輸的期望成本，而且超過幅度還不錯，這就是一個「價值賭注」。在這個稱之為「人生」的偉大宇宙賭場中，期望值對於評估各種「賭注」，同樣至關重要。就以延長保固為例，英國消費者協會發行的雜誌《買哪個

好？》（Which?），2013年檢視了他們稱為「剝削的延長保固」現象。該雜誌的調查重點為提供不正確保固資訊的商家，結論是不值得花錢買保固。這結論也許不令人訝異。不過，雖然雜誌滿篇都在倡導不要買保固，卻沒點出延長保固有多剝削。這是期望值不錯的一道應用練習題。《買哪個好？》的調查裡，有間超市收費99鎊，提供價值349鎊的新電視五年保固。付99鎊買五年心安，似乎不算很多，然而若從期望值理論來看，你可能會再想一想。電視故障的「期望損失」，就是這台電視的成本乘以故障機率。我們不知道故障機率是多少，不過我們知道，期望值不應該超過我們被要求支付的99鎊保險費，因為這麼一來，我們就等於是為電視機故障的風險過度投保。因此，電視的保固費，只有低於349鎊乘以壞掉風險時，才值得購買；換算一下，這等於說電視在五年內壞掉的風險，至少是99/349（約28％）。你若覺得這個電視機故障機率合理，那就可以買保固。不過，你可能想先了解真正的故障率是多少：《買哪個好？》查過了，實際的故障率僅5％。比起99鎊保險費對應的合理最低故障率，這實在低太多了吧？現在，我們也可以算出合理的保險費：349鎊乘以5％的故障率，也就是約18鎊，僅僅只是99鎊的一小部分。

電視保固的案例，還不是最令人生氣的。有間連鎖電子產品商店為價值269鎊的電視，提供139鎊五年保固的「尊爵」服務：連算都不用算，光聽就很荒唐。此外，這台電視真正的故障率才2％，這表示合理的保固費比實際收取的低了26倍。保固費的獲利如此豐厚，難怪《買哪個好？》發現有那麼多店家那麼極力向顧客推銷買保固服務，至少賣給那些不會撥一下算盤的人。多虧

了帕斯卡的期望值法則，現在我們都會算了。這條法則指出，倘若保固費遠超過產品價值乘以保固期內故障的機率，就等於超收費用。至少就這幾台電視的案例來說，故障率僅有個位數，因此合理的保固費，不應該超過售價的幾個百分點（這裡甚至忽略了折舊問題，而科技產品的折舊是很驚人的）。

計算之外，也要想想失算怎麼辦

同樣的基本觀念，也可以用在評估購買遺失險或竊盜險：合理保費大約等於裝置價值乘以遺失或竊盜的機率。這時候就值得查一下犯罪統計數據，而保費只要超過該裝置價值的幾個百分點，就是不折不扣的剝削。即使沒有確切的數據，也可以用個人經驗評估風險。某件事未曾發生在你身上，光是這個事實就已經透露非常多事情。只要做點計算就會發現，儘管某事件有 N 次機會發生，卻始終沒有發生的話，那麼你可以很有把握，該事件發生的頻率不會超過 3/N。因此舉例來說，倘若在過去五年內，你擁有 N 個東西，卻從未遺失過任何一件，那麼如果未來情境類似，你使用新裝置卻遺失的機率，很可能低於 3/N。如果擁有大約幾十項物品，那麼 3/N 約等於 10％，因此為未來五年的遺失或竊盜風險所付的合理保費，就不應該超過物品價格的 10％，也就是每年保費大約是購買價格的 2％。

有些人（特別是在保險從業人員）會抗議說，這種說法實在太過簡化。某方面來說確實如此，最明顯的是，我們忽略了保險所能夠提供的，經常不只是重置成本。很多保單提供 24 小時到府修理

的服務，而安心與便利也很值得花錢，即使價值很難量化。

此外，若你「賭」不需要保險，結果賭錯了，是否有辦法應付後果──這就和不確定事件一樣，永遠有可能發生。即使你根據理性做決策，結果賭錯邊，只要你能夠承受後果，拒絕十倍於你認為合理水準的保費，絕對說得過去。例如洗衣機，花錢再買一台雖然討厭，但不會造成災難性的後果。買房屋險或是海外醫療險，卻是另外一回事。你可能認為出國幾天生病的風險很低，根本不值得付20鎊的保費；但是住院費與送返國門的成本，隨便就超過這個數目一萬倍。當賭輸的代價是欲哭無淚的20萬鎊帳單時，你真的能信心滿滿地賭這些倒楣事發生的機率低於1/10,000嗎？

這裡點出保險以及一般決策的關鍵事實：事情完全取決於背景架構。你若很窮，即使是保費合理，也可能超出你的負擔；無論你有多理性，你只能賭自己運氣夠強。另一方面，有錢人實際上可能願意付出比合理水準更高的保費，只因為錢對他們來說比較不算什麼。事實上，即使是一樣的比率，億萬富翁從一億元裡掏1,000萬元，與只有100塊的人掏10元，感覺心痛的程度完全不一樣。

聖彼得堡矛盾

金錢價值因狀況不同而有所不同，這個現象對於決策至關重要。提出或然率理論的先驅者，也發現了這點。到了18世紀初葉，利用期望值做決策的帕斯卡法則，已經廣為人知，似乎所有涉及金錢的決策，都可以用每個結果的發生或然率，乘以牽涉

到的金錢數目，簡簡單單就能解決。不過到了1713年，瑞士數學家尼古拉・白努利（Nicolaus Bernoulli）就提出一個問題〔附帶一提，他的叔叔就是發明黃金定理的雅各布・白努利（Jacob Bernoulli）〕。簡單說，他指出，帕斯卡法則可能會使人做出極度脫離現實狀況的決策。舉例來說，假設有人請你要參加一場擲銅板比賽，正面朝上就贏得賭金，而為了讓遊戲更有趣，每次擲銅板的賭金都加倍，直到正面出現為止。你願意付多少錢參加？根據帕斯卡法則，你願意付出的金額，就是玩這個遊戲的「期望值」，也就是擲銅板勝出的或然率（50％）乘以遊戲的獎金（在這個遊戲裡，獎金會隨著每次擲銅板倍增）。很明顯地，遊戲持續愈久，能贏的獎金就愈高，但是遊戲喊停的機率也會愈來愈高。應用帕斯卡法則，這兩個互相抵銷的效應，會導致遊戲的期望值等於——無限大。於是，決策顯而易見：因為由於獎金的期望值無限大，你應該變賣所有家產參加遊戲。然而，就如同白努利指出的，這個決策顯然太過荒唐。首先，能贏得獎金彌補無限大參加費的機率，基本上等於零：例如，要贏得16鎊獎金，就得先出現四次反面，最後再出現正面，機率只有3％。然後還有個小問題：主持比賽的莊家，能夠支付的賭金也有限。然而，帕斯卡法則卻完全不考慮這些，只讓我們儘管想像出一筆無限大的錢。

　　這個怪異的結果被稱為「聖彼得堡矛盾」（St Petersburg Paradox），因為解決這個矛盾的數學家丹尼爾・白努利（Daniel Bernoulli，尼古拉・白努利的堂弟），1738年於聖彼得堡科學院公布解答。雖然這個問題本身看起來很像是學究最愛的那種蠢動腦遊戲，卻促使白努利發明一個概念，今日是全球1,000億美元保險

市場的基石：效用（utility）。他在冰冷空泛的數學世界，以及溫暖渾沌的人類心理之間，建構了一個驚人的關聯。

根據白努利的想法，這個矛盾之所以存在，是因為帕斯卡法則只著眼於四則運算，沒有考量到人對於金錢價值的主觀看法。白努利認為，人對於金錢價值的看法，會隨著背景框架而有相當大的出入，具體而言就是取決於擁有多少東西。例如10萬鎊對於億萬富翁的價值（用術語來說，就是「效用」），比倚賴社會福利過日子的人低。但就算是億萬富翁，10萬鎊對他們還是有一些效用。因此，白努利提議，在做出涉及金錢的決策時，帕斯卡法則要讓我們看到的，不是貨幣的期望值，而是效用的期望值。

但是，效用是什麼，如何與金錢換算？白努利提出一個簡單的換算法則：他認為，雖然增加錢總是能增加效用，然而隨著效用愈積愈多，金錢換取效用的效果就會跟著縮減。就數學上來說，這表示一定數目的金額，效用會與其對數成比例。舉例來說，1,000取對數是3，所以1,000鎊有3個效用單位（稱為「utiles」）；1,000鎊的1,000倍是100萬鎊，卻只能再增加3個效用單位（100萬取對數是6）。白努利認為，有錢程度不同的人，對於金錢決策的看法，受到效用的影響很大。從效用觀點來看，你若有1,000鎊，現在有一個可以贏1,000鎊的機會，相當於可以讓你的效用從3單位增加到3.3單位（2,000取對數為3.3）。相較之下，若有個人現有100萬鎊，贏得1,000鎊只能讓他的效用從6單位增加到6.0004單位（1,001,000取對數），這似乎一點也不值得。

保險公司如賭場莊家，做的都是數學生意

關於金錢與效用之間的「轉換率」究竟是多少，人儘管各有看法，不過關鍵在於變化量並非等比：隨著財富增加，效用成長的速度會愈變愈慢。因為這個觀念，看似愚蠢的聖彼得堡矛盾就能說得通。應用帕斯卡法則時，將參與遊戲期望贏得的金額，換成期望獲得的效用，結果就會大不相同。隨著擲銅板的次數增加，期望效用不會隨之無止境增加，而是趨近一個合理的有限值——現在，顯然沒有人會為了它無止無盡地付錢。

白努利的聖彼得堡矛盾解法的優點，以及它對現實生活決策的啟示，學者過去一直多所爭議。畢竟人們很難想像，會有人笨到為了任何東西，真的考慮無止無盡地付錢（難以想像，但並非不可能，詳見專欄）。然而，它對精明的保險業者產生的轉化效果，毋庸置疑，一如白努利自己已然領略這點。為人們遭逢的不幸提供補償，這個想法儘管有人情味，卻也必須符合財務原則。由於我們要應對的是不確定事件，這可不是枝微末節的問題。首先，保險業者要確保，收到的保費足以支付不幸事件；這表示他們要估計可能的風險，然後把保費設定得比可能會碰上的財務衝擊稍微高一點，這與博彩公司提供比公平賠率還要低的賭金，完全是相同的邏輯。為很多人提供保險也有幫助，因為平均律會讓不幸事件發生的頻率，趨近預期的頻率，起碼在理論上是如此。

白努利提出的效用概念，衍生許多更奧妙的後續發展，如保險公司若能與對手共同分攤風險，就能減少各自的曝險，並為客戶提供較低的保費，如此每個人都能獲益。簡單來說，白努利的

價值5兆美元的聖彼得堡矛盾

　　1957年，麻省理工學院財務金融教授大衛・杜蘭德（David Durand）指出，白努利解決的「荒唐」遊戲，與所謂成長股的投資之間，有著令人不安的相似之處。成長股是指收益看似一飛衝天的公司股票，三不五時就登上媒體頭版，吸引投資者強烈的興趣。雖然很多人一頭栽進去，不過認真的投資人寧願多鑽研一下，判斷股價是否確實反映公司前景。

　　簡單來說，這涉及到根據某些預估的成長率與利率，估算該公司未來績效和資產的現值。當然，問題在於沒有人確知未來的成長率與利率是多少；更糟的是，所謂的「折現」過程，是假設公司會永續經營——這點與聖彼得堡矛盾的核心本質一模一樣。假設公司成長率永遠不會低於利率的金融分析師，就會得到與股價吻合的估計值，也就是——無限大。

　　當然不會有人蠢到相信這種「分析」——真的嗎？根據數學家賈伯・澤凱利（Gábor Székely）跟唐納・理察斯（Donald Richards）2004年發表的研究指出，在1990年代末期惡名昭彰的網路股泡沫，聖彼得堡矛盾現象是背後的關鍵驅動力。這些「成長股」都是從未獲利的高科技公司，股價衝高到違反常理，卻完全符合瘋狂的估值。網路

股泡沫幻滅時，交易這些股票的那斯達克（NASDAQ），市值一口氣蒸發了5兆美元。不過我們應該要慶幸，因為按照理論，蒸發的市值應該更高——事實上是無限大！

效用理論，讓保險公司能夠負擔許多他們原本會拒絕承保的風險。一般來說，這是好事，我們能為被迫取消的假期、壞掉的電鍋等事物買到一份心安。不過，有些人可能會視此為一種剝削，利用人性中的杞人憂天，而這顯然正是延長保固玩的把戲。現實生活中，保險公司知道，白努利的效用概念，效用也有其限制。最顯而易見的就是，若風險太高或是過於模糊，合理保費與客戶願意付出的保費之間的差距，會小到在商業上無利可圖。公眾責任保險經常就落入這個範疇：風險很難判斷，支付金額又可能極為龐大。保險產業因此不得不發展出各種技巧，使他們得以為無常的生活提供保險。有些技巧非常簡單，比方說只對超出某個最低額度的「超額」損失提供理賠。有些技巧則來自對或然率的洞悉，讓保險公司得以承受真正超乎尋常的風險。稍後有一章會談到的極值理論（Extreme Value Theory），便是其中之一。

保險公司和賭場一樣，根據或然率定律構築營運模式，從中獲利良多。大多時候，或然率定律也能惠我們良多，雖然我們有時會懷疑它在剝削我們。不過，買保險和賭運氣不是涇渭分明的抉擇。我們可以採行中庸之道，至少對小東西可以如此，剛好這就是藏有許多剝削陷阱的所在。我們可以利用帕斯卡法則，成為自己的保險

人；只要將事物的價值乘以逢厄的風險，算出合理的保費，然後分期將「保費」提撥到一個「沉沒基金」（sinking fund，亦即只存不提）。此外，我們也可以一次提撥原本要繳給保險公司的保費（保證比你需要用到的還多）。無論用哪種方式，若是碰上災厄，我們都有保障；若平安無事，我們也有了一筆還不錯的儲蓄。

當然，悲觀有其道理。在所有保費付清前，當然有可能禍不單行，因此你的沉沒基金應該保留相當的額度，以因應這種風險。我們也絕對不能忘記，沉沒基金存在的目的為何：當你碰上災厄，也只有在碰上災厄時，才能動用。當然，精心設計的天才計劃若沒有奏效，我們會覺得惱怒，但這就是人要面對的事。一如下一章的討論，做出風險決策並非總是出於理性。處理或然率問題的帕斯卡法則和效用理論，並不是萬無一失的保證。超完美計畫若是出差錯，我們就必須自力救濟。不過，與其把錢交給「那個人」，這些把錢留在自己口袋的方法，仍然是無價之寶。

┃這樣思考不犯錯┃

世界充滿風險，因此有人發明保險幫助我們因應後果（也為保險公司創造利潤）。你可以根據簡單的經驗法則，判斷何時值得買保險，何時最好賭一下運氣——當然，你的超完美計畫若是出了差錯，你也知道該如何自力救濟。

17

人生如賭場，要下好注

　　向老闆開口要求加薪，是好主意嗎？謠傳住處附近會有些改變，我們應該採取什麼行動嗎？要解決全球暖化，什麼才是最好的因應之道？我們每天都要做決定，起碼也得有個看法。然而，即使是芝麻小事，因為有多重的不確定性與後果，很多時候也看似相當棘手。再加上我們怕做壞決定，難怪經常決定什麼也不管。幸好，不確定下的決策，一直是機率理論的重點，因而產生許多工具，助我們穿越決策迷障。這些工具能讓我們輕易對重大問題產生見解，相當了不起。卓越的法國學者帕斯卡，創造了如今稱為決策理論的方法，以解決一個關鍵大哉問：信仰上帝，有道理嗎？

　　帕斯卡並沒有像某些人宣稱的那樣，嘗試尋找上帝存在的證

據。在他看來，上帝是如此不可言喻，難以理解，任何證據（反證也一樣）都不太可能說出個所以然。帕斯卡認為，值得一問的問題，是信仰上帝是否有道理。他以回歸期望值概念為探討的起點。他認為這個問題關乎的，不只是結果發生的或然率，還有它們相對應的後果。至於那些後果究竟如何，帕斯卡語焉不詳，不過其本質可以總結成下表：

	上帝存在	上帝不存在
選擇相信	後果：正面—— 天堂的永生	後果：負面—— 浪費時間精力做禮拜
選擇不相信	後果：負面—— 上帝暴怒，可能降災	後果：正面—— 省下做禮拜的時間精力

根據帕斯卡的說法，為什麼信仰上帝有道理。

請注意，這不是簡單的賭注，我們面對不再是分明的「非輸即贏」的結果。與其決定上帝是否存在，帕斯卡轉而處理牽涉兩種可能性的複雜情況。如同表格所示，有四種情況。要決定哪個選擇最好，帕斯卡建議計算每個後果的期望值，意思是把每個後果乘以適當的或然率。但我們怎麼有辦法估計，上帝存在的機率是多少？帕斯卡似乎認為，光靠理性無法判定哪個可能性比較高，因此直接設定為機率相當，也就是50:50。你就算不是無神論者，也能發覺這裡有點不對勁。畢竟，若你對某匹賽馬一無所知，你會毫無疑慮地假設牠勝出的機率是一半嗎？帕斯卡處理的

是一個時至今日仍會引發問題的困難點：對於一無所知的事情，要給它多少或然率？我們之後還會碰到這個問題，不過目前暫時先這樣，反正帕斯卡很快就會用一招，完全繞過這個問題。目前先假設，上帝是否存在，機率是一半；各個情況發生的或然率全部一樣，或然率對於期望值的衝擊就能互相抵消。於是，我們只需比較各項後果，看哪個最有利。根據表格的右欄，若上帝不存在，最好的結果不過是省下一些時間精力。另一方面，若上帝確實存在，最好的結果是在天堂享永生！如此盤算之下，信仰上帝完全有道理，或起碼根據帕斯卡的設定是如此。但我們若不相信上帝存在的機率是一半，怎麼辦？這麼一來，我們就得算出所有四個結果的期望值，即把每個後果乘以適當的或然率，看看結果如何。這些工作既沉悶又麻煩，但身為數學家的帕斯卡，知道如何避免所有這些麻煩：只要宣稱信仰一個確實存在的上帝，後果不只是正面，其實是**無限好**，也就是在天堂裡享永生。既然其他後果都是有限的，各自的或然率多少就不重要了，那個唯一可以產生無限報酬的決定，永遠都會勝出。帕斯卡大師一出手，就道明信仰上帝是唯一的理性決定。

化繁為簡的決策思考

你對這一切若心生質疑，很多人和你一樣。出於種種原因，現在已經沒幾個學者會把帕斯卡的主張當真。不過，我們全都應該認真看待的，是帕斯卡面對各種選項時抉擇的基本方法。少點取巧，這套方法能穿越複雜的迷障，在面對不確定性時，做出明

確的決策。我們甚至不需要計算任何數字，只要寫下類似帕斯卡的賭盤表，通常就能釐清一條最佳的行動之道。

假設有家製造商聽到新聞，說他們一直在使用的某項化學物質，可能會危害環境。現在，他們要決定如何因應。相關證據並不是很有說服力，可能禁不起時間考驗，因此製造商面臨一個不確定性的抉擇。以下是一張各種後果的表格。

	化學物質有毒	化學物質無毒
決策A：繼續使用	後果：危害環境，引發訴訟，形象不佳	後果：照常營運，可能製造自以為是的形象
決策B：替換物料	後果：有益於環境，有益於公司形象	後果：不必要的更動，但能製造企業負責任的觀感

有人指稱公司產品使用有毒化學物質，公司該如何回應？

要把這些後果轉化成數字，乘以化學物質確實有毒的或然率，並不容易。現在比照帕斯卡的做法，看能否避開這個麻煩。我們不需要像他那麼誇張，把無限大放進表格，只需尋找所謂的「優勢」（dominance）選項，即一個不管或然率如何都是較好的選擇。這個例子中，很明顯地，若化學物質證實有毒，替換物料是較好的決策。若化學物質未為證實有毒，要在兩項後果中選一個，則稍微困難。不過，盤算一下可能引起的亂象，而替換物料的成本不會過高，對於提升形象尚屬合理的話，顯然替換物料仍是最佳應對之道。於是，我們得到一個無論化學物質是否有毒都

算是最好的後果，那麼就不必煩惱如何確定實際的或然率了，因為替換物料永遠是較佳決策。

每個案例當然都必須獨立考量，但有時確實會出現優勢策略，使我們不用找出相關機率，也能達成最佳決策。不過通常我們還是得設算數字，才能凸顯各項後果的相對優劣。數字範圍不是重點：以-10代表最差結果，10代表最佳結果，如此就已足夠。例如，一個家庭聽到附近要挖新馬路的謠傳，於是考慮是否要搬家；經過討論過後，他們針對各種後果的分析與相對利害分數如下表。

	謠傳屬實	謠傳有誤
決策A：按兵不動	後果：居家環境嘈雜又不安全，房子難以出售。得分：-10	後果：照常度日。得分：+7
決策B：搬家	後果：沒有道路施工的威脅，但是通勤時間長。得分：+2	後果：不必要的忙亂與花費，不過也許該搬家了。得分：+1

不同於企業處理化學疑慮之處在於，這個家庭沒有一個不管謠言是否屬實都「做就對了」的最佳決策。為了做出決策，他們必須比較每項決策的期望值，因此要估計謠言屬實的或然率。不過我們還是可以避開這個棘手的問題：雖然這次需用或然率才能做決策，但並不需要確切的或然率。我們可以反過來看問題，自問如果搬家要合理，謠傳屬實的或然率必須是多少？在這個例

子中，只要簡單的數學就能指出[1]，若這個家庭認為謠傳屬實的機率高於 1/3，搬家就有道理；如果這機率聽起來不太可能，那他們就該按兵不動。

直覺容易落入人性陷阱

如果靠這些數字就要做出如此重大的決定，讓你覺得不太舒坦的話，那不妨考慮另一個替代方案：照直覺行事。但這麼做有種風險：我們可能會根據實際上與事情無關的情緒因素做決策。若你自認沒有這種人性弱點，不妨想像一下自己是個執行長，掌管一間 450 人的公司，現在要撐過一段苦日子。你知道你可能要縮小營運規模，因此要面臨一些決策，可能對員工產生巨大衝擊。想做出最佳決策的你，聘請了頂尖的管理顧問，協助你決定該怎麼做。這間歷史悠久的顧問公司，交給你一份厚厚的報告，和一大疊帳單，但卻沒有明確的建議，而是提出兩個選項：

A1 計畫：重整公司，留下 150 個職位。

A2 計畫：照常營運，公司有 2/3 的機率倒閉，有 1/3 的機率留下 450 個職位。

你選哪一個？大多數人會選擇 A1，相對確定留下 150 個職位。不過，一想到決策對於員工的巨大衝擊，周嚴起見，你又找了第二家管理顧問公司，以確保沒有漏掉任何選項。結果，他們交給你另一份厚厚的報告和帳單，但還是沒有明確的建議，也是

提出了兩個選項：

> **B1計畫：**照常營運，導致300個職位不保。
>
> **B2計畫：**重整公司，有1/3的機率讓每個人保住工作，但有
> 2/3的機率讓450個人都失業。

現在哪個選項看起來比較好？B1看起來真的很糟，B2似乎還有點指望。所以，公司應該在A1與B2之間選一個，然後讓合適的管理顧問協助公司重整。不過，真是這樣嗎？比較一下這兩個選項，就會發覺事情不太對勁。A1計畫說，公司重整就能保住450個職位裡的150個，這不是和B1計畫所說，照常營運要裁減300名員工，一模一樣嗎？應用帕斯卡的理論，就會發現另一件奇怪的事：B2計畫說有1/3的機會，450個員工都能保住工作，這表示期望值是450 x 1/3 = 150，正是A2計畫的選項。簡單來說，就可能的裁員數來說，四個計畫完全一樣，差別只在於它們的表達方式不同。A1強調好結果的確定性，B1則把確定性與壞結果連結在一起。就如同諾貝爾獎得主丹尼爾・康納曼（Daniel Kahneman）和阿摩司・特沃斯基（Amos Tversky）的研究所示，人在面對決策時，只要結果是好的，他們偏好確定性勝於冒險；也就是說，人會變得厭惡風險，較喜歡保證可以得到的好處。然而，若是面對不好的結果，人反而會變得偏好風險，願意賭上一把，看能否得到正面的結果。任何清楚這種人性的人，只要選對事情的呈現方式，就能影響決策方向。居心叵測的管理顧問想要操縱客戶選擇，會強調該選項任何具確定性的正面結果，同時儘量呈現替代

選項確定的壞處，與不確定的好處。

永遠的上上策

決策理論能讓我們對這類伎倆免疫，專注於客觀確鑿的數學計算。就如同我們所見，有時候根本不用計算：無論實際情況如何，有一組結果就是優於其他結果。前文已敘述優勢選項如何幫助公司，因應若繼續使用據稱有毒的化學物質，可能會產生的威脅。不過，這套方法也可以用於更大的議題。例如，全球暖化的威脅是全世界目前的巨大挑戰。有些人主張採取激進手段，像是完全放棄使用化石燃料；有些人則認為重點應該放在如何適應變遷中的氣候；有些人則仍然堅稱，全球暖化是子虛烏有，或至少是人力所不能及的事情。我們有相當充分的理由相信，全球暖化正在發生，全球氣候也在隨之變化。我們應該怎麼做才對？決策理論再次引領我們穿越重重迷障，無可爭議地攤開所有選項。畢竟，不管是堅定的環保份子，還是氣候變遷的懷疑論者，他們至少都會同意，全球暖化若不是事實，就是虛構。因此，我們可以建構決策矩陣，顯示各國政府應該把重點放在改善能源使用效率，從而削減能源消耗量，因為這是優勢策略，也就是說，無論全球暖化是不是事實，這樣做都是上上之策。

節約能源是「對抗全球暖化的第一步，也是最好的一步」，這項結論如今獲得國際能源總署和聯合國基金會等機構背書。然而，過去數十年來，它卻仍然受政治人物漠視。也許有人該給這些人上一堂初級決策理論課。

	全球暖化屬事實	全球暖化屬虛構
決策A： 改善能源使 用效率，減 少能源消耗	後果：有先投成本，不過可 延緩、逆轉相當的環境衝 擊；需投入更多資源、金錢 改善能源使用效率；改善能 源安全	後果：有先投成本，但未來 能節省資源和金錢，改善能 源安全
決策B： 不作為	後果：無先投成本，對健 康、經濟、全球安全等造成 重大衝擊	後果：無先投成本，無法為 未來節省資源或金錢，無法 改善能源安全

節約能源為什麼是對抗全球暖化的上上策

｜這樣思考不犯錯｜

　　決策經常涉及重大後果混雜著模糊難辨的或然率。不過，光是把各種機率及後果羅列成表，就能夠讓最佳行動變得顯而易見。如果這樣還不夠，決策理論的基本運算，永遠值得試一下。

18

醫生，老實說，
我有多少機會？

　　艾莉絲開始感到左胸疼痛時，不敢心存僥倖。六十多歲的艾莉絲，每兩年做一次乳房X光檢查，她決定下一次提早做，儘快找出真相。[1]拍完X光片之後，她覺得自己做了正確的事，感覺很好；櫃台小姐說如果發現有問題會通知她，於是她就離開了健檢中心。可是幾天後健檢中心真的打電話來，但不是告訴她一切無恙。乳房X光檢查的結果，似乎是陽性反應。艾莉絲擔心極了，她很快上網查了一下，發現乳房X光檢查大約有80％的準確度。這意思似乎再明顯不過：艾莉絲有80％的機率罹患乳癌。這正是許多醫生會下的結論。[2]但他們錯了，最有可能的就是誤解乳房X光檢查呈陽性反應的意義。這不是說80％這個數字有問題，而是這只是事情全貌的一部分，而「準確度」這個看似簡單的用語，

為事情全貌做了不恰當的總結。

三個關鍵數字

解讀診斷結果時，或然率理論顯示，我們需要知道的不是一個數字，而是三個數字。其中兩個數字反映的，是任何診斷檢驗的關鍵特質：檢驗有可能以兩種截然不同的方式產生誤導。首先，檢驗可能會偵測到實際上不存在的事情，產生所謂的偽陽性反應（false positive）。檢驗也有可能沒有偵測到實際上存在的事情，產生所謂的偽陰性反應（false negative）。一項檢驗能夠避免產生這兩種偽結果的程度，反映在兩個數字上：真陽性率（true positive rate）和真陰性率（true negative rate），技術上稱為「靈敏度」（sensitivity）和「特異度」（specificity）。

過去這些年，一直有人嘗試合併兩個數字，聲稱可以代表「準確度」，但這些嘗試全都有所不足。區分成兩個數字反而有助於評估，我們對於某項診斷結果，應當認真到什麼程度。畢竟，任何診斷心臟病的醫生，都可以用一種保證不會有漏網之魚的診斷方式：告訴每個病人，他們罹患了心臟病。這樣一來，真陽性率會高達100％。然而，這種診斷法顯然沒什麼應用。同理，真陰性率（也就是特異度）也能做到0％，只要醫生從不告訴病患，他們沒有罹患心臟病。一項診斷檢驗的真正價值，只有在分別得知這兩個比率時，才能夠評估。

就乳房X光檢查來說，這兩個比率大約都在80％左右。這表示每100名罹患乳癌的婦女，乳房X光檢查可以正確診斷出其中大

約80位左右；至於每100名沒有罹患乳癌的婦女，乳房X光檢查可以告訴其中大約80位左右一切無恙。這樣的數據看似可靠，不過就如同或然率事件經常出現的狀況，精確的用語非常重要。可靠度80%這個數字，來自已知是否罹患乳癌的婦女檢驗結果，因此測量的只是檢驗確認已知事實的可靠度。不過，對於艾莉絲這類定期篩檢的婦女，我們事前對她是否有罹患乳癌，所知道的只有該疾病的盛行率（prevalence，又名「基本比率」）估計值。這是我們對於任何診斷檢驗結果是否有道理，必須要知道的第三個關鍵數字，而這個數字的影響可能非常巨大。

還是以艾莉絲為例。乳癌的盛行率取決於許多因素，如種族背景、遺傳特質、年齡等；要合理解釋檢驗結果，就必須使用適當的數據。舉例來說，美國婦女終生罹癌風險大約是12%，但是隨著年齡增長，罹癌的風險會有巨大的增幅。像艾莉絲這樣六十多歲的婦女，乳癌的盛行率大約是5%，而這個數字會讓「準確度80%」的乳房X光檢查檢驗呈陽性的意涵，產生極為不同的意義。經過一些簡單的計算（詳見專欄）就會發現，檢驗結果呈陽性，有超過80%的機率是虛驚一場。

據稱有80%準確度的檢驗呈現陽性反應，表面上與實質上的意涵，幾乎是剛好相反。這顯示把診斷檢驗結果的合理度（plausibility）納入考量，有多麼重要。

那麼，我們要如何看待呈陽性反應的檢驗結果？當然，擔心是很合理的，以艾莉絲為例，檢驗結果呈陽性，使得她罹患癌症的機率，從她這個年齡族群的「基本比率」5%，提升到17%。不過，覺得命數將盡或驚慌失措絕對沒有必要，因為即使真正罹癌

「準確」的真義

乳房X光檢查是相當不錯的乳癌診斷技術：它能偵測到大約80％的乳癌病例，至於沒有得病的人，還人家清白的比例也差不多。但即使艾莉絲檢測出陽性反應，我們還是無法得知她罹患乳癌的或然率是多少，因為我們不知道她到底是屬於有乳癌或沒乳癌的那群人。不過，我們可以從她所屬婦女群組的乳癌盛行率，稍微得到一點概念。統計數據顯示，艾莉絲所屬年齡族群的婦女，罹患乳癌的風險是1/20。讓我們把用原始數字來看看這有何意涵。在100名類似艾莉絲的婦女中：

有乳癌的人數：5
沒有乳癌的人數：95

對於那5個有乳癌的人，檢驗的真陽性率（「靈敏度」）大約是80％，也就是可以偵測出4個。但是重點在於，她們並非是唯一會產生陽性反應的人。沒有乳癌的人，80％的真陰性率（「特異度」）表示，大多數人都能過關，但仍會有20％的人沒能過關。加上有95％的婦女沒有乳癌，就會出現許多假陽性反應：

正確的陽性反應人數：5個人裡頭的80％＝4個人

不正確的陽性反應人數：95個人裡頭的20％＝19個人

因此，陽性反應總人數：4＋19＝23個人

現在我們總算能夠回答，艾莉絲對於她產生陽性反應的關鍵問題：她真的罹患癌症的機率是多少？

Pr（產生陽性反應，也確實罹患乳癌）

＝真陽性反應數／陽性反應總數

＝4/23

＝17％

所以，儘管乳房X光檢查結果呈現陽性反應，艾莉絲沒有乳癌的可能性，是100－17＝83（％）。

的機率因此提高到17％，未罹患乳癌的機率仍有83％。適當的反應是進行進一步檢驗，每項檢驗都會以實證為診斷乳癌增添說服力。這正是艾莉絲做的事，結果安然過關！

不過，事情發展並非總是如此。或然率不是確定率，我們永遠不該過度解釋。歌手奧莉薇亞‧紐頓強（Olivia Newton-John）在胸部偵測到腫瘤時，不過40歲出頭。以年齡來看，她罹患乳癌的風險，僅有1％。乳房X光檢查結果呈陰性反應，切片檢查結果

也一樣。但即使如此，她還是感到身體日益不適，最後發現她其實罹患了癌症。在她這個年齡的婦女，和她一樣碰上兩次偽陰性反應檢驗結果的，一萬人裡不到一個。然而，或然率理論顯示，只要機會夠多，即使是或然率很低的事件也會出現，只是我們鮮少聽聞。

同樣的推論也指出，進行定期篩檢的婦女都應該要有心理準備，至少會被檢驗結果嚇到一次。事情總是一體兩面：有80％的可靠度排除實際上沒有罹癌的人，等於表示有20％的風險產生偽陽性反應。過了50歲，在十幾次兩年一度的檢驗中，有很高的機率會被檢驗結果嚇到至少一次。

定義不精準的「準確度」

由於研究實驗室不斷推出更多診斷檢驗法，知道如何解讀檢驗結果，實在再重要不過。然而就算是研究人員，一提到如何測量「準確度」，也經常提及多少沒什麼意義的標準，完全忽略基本比率扮演的角色。2014年7月，兩所來自英國頂尖大學的研究者表示，他們研發出一項血液檢驗，可以預測出現輕微記憶障礙的人是否為阿茲海默症的初期徵兆；他們還聲稱，該檢驗法「準確度高達87％」。這條新聞成為媒體頭條，英國衛生部長傑若米‧杭特（Jeremy Hunt）更將這項檢驗譽為一大突破。不過，有些研究者覺得這條新聞應該考量到解讀的框架，有位阿茲海默症專家更警告說，即使這項檢驗的「準確度」相當不錯，仍然意味著每十名病患中，就有一名的診斷結果不正確。

　　實際上，由於研究人員從未說明所謂的「準確度」是什麼意思，因此這個數字的意涵難以確認。話雖如此，他們還是花了極大的工夫，計算出靈敏度和特異度這兩個反映檢驗錯誤模式的比率。利用數百名罹患各種形式失憶症的病患資料，他們發現這項血液檢驗，能夠正確預測完全發展成阿茲海默症的病例比率，大約是85％，而能夠正確預測不會發展成阿茲海默症的病例比率，大約是88％。這些數字意味著偽陰性率是15％，偽陽性率則是12％。然而就和乳房X光檢查一樣，只有得知檢驗結果的合理度（也就是參與檢驗者罹患阿茲海默症風險的基本比率），才能適當解讀檢驗結果呈陽性反應的意義。由於這項檢驗法是用來檢測已經出現輕微認知損害的人，相關的風險基本比率大約是10％到15％。用先前解讀乳房X光檢查的同樣算法，血液檢測罹患阿茲海默症呈為陽性反應，真的會變成阿茲海默症的機率，僅僅只有50:50。因此就跟乳房X光檢查一樣，一旦考量到框架，「準確度」的數字就不再那麼驚奇。喜嘲諷的批評者可能會說，這項檢驗根本沒有比擲銅板準，但這樣比較並不公平。這項血液檢驗把檢驗出演變成阿茲海默症的或然率，從10到15％提升至50％，無疑增添不少真憑實據，這點是再怎麼擲銅板都做不到旳。有朝一日，這項檢驗可能會像以乳房X光和切片檢查乳癌一樣，成為檢測阿茲海默症的標準檢驗。不過，這項檢驗的「準確度」，與檢驗結果呈陽性反應所隱含的罹患阿茲海默症機率，兩者之間存在著相當大的差異，仍然是不爭的事實。

先生，恭喜您懷孕了！

　　對於使用居家檢驗包自行在家診斷的人來說，解讀錯誤的危險最為嚴重。自驗孕棒在1970年代問世，如今已有許多病症，如過敏或感愛滋病毒等，都有現成的自助檢驗包。這些檢驗包始終聲稱「準確度」高得驚人，但這究竟是什麼意思，又是在什麼情況下才有這樣的準確度，則經常語焉不詳。以居家驗孕棒為例，它們聲稱的神準度，你確實可以照單全收：只要驗出陽性反應，就表示你非常有可能懷孕了。這類檢驗的偽陽性率跟偽陰性率極低，此外大多數做這類檢驗的婦女，都已經有很強烈的理由，相信自己可能懷孕了。不過即使是驗孕，若是由某個不太可能懷孕的人進行，例如男人，就會顯得相當不可靠。2012年，社交網站Reddit有一名使用者說，他有個男性友人，用女朋友用剩的驗孕棒檢驗，原本只想開個玩笑，沒想到卻呈現陽性反應，嚇壞他老兄了。[3] 既然男人懷孕的基本比率非常低，儘管這項「神準」的檢驗結果呈陽性反應，他還是不太可能會生孩子。不過故事到這裡還沒結束，Reddit其他使用者指出，這項檢驗是藉由偵測女性懷孕時的HCG荷爾蒙判定是否懷孕，而男性的睪丸瘤也會產生這種荷爾蒙。於是，他去看醫生，證實他確實有睪丸瘤，及早治療的結果，剛好拯救這位「懷孕」男士一條命。

　　使用愛滋病毒的自助檢驗包，把合理度納入考量格外重要。這些檢驗包也是據稱「準確度」高達90％以上，然而除非你有很強烈的理由，認為自己可能感染了愛滋病毒，不然這個數字其實有相當危險的誤導性。雖然這些檢驗的靈敏度和特異度確實都超

過90％，然而在已知高危險群之外，愛滋病毒的基本比率非常低。因此，對於非屬於高危險群的人，檢驗呈陽性反應是虛驚一場的可能性，遠高於真正感染的機率。

測謊的關鍵問題

　　需要謹慎考量準確度概念的，不只是醫療診斷。同樣的道理也適用於任何聲稱能夠見微知著的測驗，如測謊就是其中之一。幾百年前的亞洲，人們相信在審訊嫌疑犯前，在他口中塞一些米，就可以「診斷」是否從實招來。他們認為，那些在審訊後最難把米從嘴巴吐出來的，是出於欺騙而口乾舌燥，因此必然有罪。這聽起來不太可靠，而醫學診斷的證據，更加深對這種訊問法的疑慮：雖然這個方法有相當不錯的真陽性率，然而說實話的人，也可能因為害怕無法取信於人，而口乾舌燥，所以偽陽性率同樣也可能很高。因此，取得任何陽性反應時，都必須考量整體狀況，而這就得在測試之前，估計一個人說謊的機率是多少。

　　不過，這一點沒有阻止人們聲稱研發出偵測謊言的「準確」機器。1920年代開始，最受矚目的是所謂的「測謊機」（polygraph），用以監測心跳、出汗等許多據信是人說謊時的生理徵兆。然而，這些測謊機很難排除壓力導致的偽陽性反應，同時經常被受過專業訓練的間諜玩弄於股掌之間。1980與1990年代，為蘇聯工作的美國中情局分析師奧德里奇·艾姆斯（Aldrich Ames），按照KGB教導的技巧，只靠著睡上一晚好覺，保持冷靜，並對操作測謊機的人態度良好，就連續通過了好幾道測謊試驗。因使些小手法而

減低的真陽性率，加上KGB刻意製造的誤導線索，讓艾姆斯是間諜的疑慮煙消雲散。

然而人們想做出一台可靠測謊器的決心，絲毫不減。英國與荷蘭研究者共同組成的一支研究團隊，在2015年宣布，他們根據有罪者較會坐立不安的觀念，研發出一項測謊技法。媒體一如往常，把報導重點放在測謊技法驚人的82％「成功率」，但對於成功率的意義語焉不詳。研究人員提出的論文初稿指出，這個成功率實際上只不過是89％的真陽性率，加上75％的真陰性率平均值。倘若這些數字屬實，這可真的算是傳統測謊機的一大進步，因為根據研究者所言，一般測謊機的命中率大約只有60％。然而這些數字還是沒能回答那個最關鍵的問題：一個實際上在說謊的人，檢測結果通過的機率有多少？我們現在知道，這個問題不是單單用檢測結果就能回答的：我們也得了解根據其他證據，嫌犯真的在說謊的機率。不過，我們可以斷言的是，這項「坐立不安檢測」若真如它聲稱的那麼可靠，那麼除非我們有理由認為，嫌犯確實有罪的機率超過約1/5，不然檢測出陽性結果而嫌犯其實在說實話的機率，還是比較高。

舉凡機場安檢、偵測詐騙軟體、竊盜警報等，全都面臨一樣的問題。雖然這些科技的支持者，把重點放在所謂的「準確度」，然而他們若是對於目標事物的盛行率毫無頭緒，聲稱準確度有多少就沒有意義。若盛行率很低（幸好這些事的盛行率通常都很低），除非有極高的真陽性率與真陰性率，否則很難防止假警報氾濫。

有一種簡單方法，可以評估罕見事件的檢測結果，稱之為「幾個百分點法則」。[4]

幾個百分點法則

倘若某件事檢測出陽性反應，但這件事影響的受測者卻不到幾個百分點，那麼除非這項檢測的偽陽性率同樣也低到只有幾個百分點，不然就很有可能是假警報。

從例行醫療篩檢，到在機場被搜查包包，我們在這一生當中，顯然全都難逃許多偽陽性反應，但我們不應該因此變得麻木不仁。優質決策應該綜合考量或然率與後果，因此一個毀滅性的後果，就算發生的機率很小，也應該嚴肅以對。不過，我們也沒有必要反應過度，因為最能夠讓我們免於受到所懼怕事物侵襲的，就是它們幾乎不可能發生的這個事實。如同美國實業家安德魯・卡內基（Andrew Carnegie）曾經寫道：「我的一生麻煩不斷，但奇怪的是，人生不如意事，十之八九從未發生。」

｜這樣思考不犯錯｜

面對檢驗結果時，不要被所謂的「準確度」愚弄。那個聽起來驚人的數字，多半只是一半的真相；許多陽性反應，證明是烏龍一場的可能性還比較高，單純是因為這些檢測嘗試偵測的事物，本來就很罕見。

19

這不是演習！這不是演習！這不是演習！

　　生活在地球上地震最頻繁的地區之一，墨西哥市的居民當然想在下一次大地震來臨前，能夠得到預警。2014年7月的某一天，數千名墨西哥市居民終於聽到他們始終在害怕的新聞。他們下載了一個手機App，據說會從墨西哥官方地震預警系統取得資料。差不多午餐時刻，App發出警告，指出有個大地震即將來襲。人們在幾秒內從辦公室衝上大街，彼此緊緊擁抱，等著大災難來臨。他們等了又等，卻什麼事也沒發生，顯然是虛驚一場。App的製作者發布道歉聲明，表示他們誤解了官方網路訊息。接著，僅僅18個小時後，墨西哥市就在規模6.3的強震中天搖地動，這款手機App卻毫無反應。

預測地震大挑戰

在科學家嘗試預測的所有天然災害中，沒有什麼比地震更難以捉摸。我們至今仍未發現預測地震發生時間、地點和強度的可靠方法。人類並非沒有努力嘗試，早在數千年前，人類就在尋找地震即將來臨的「前兆」。羅馬作家克勞迪烏斯‧艾利亞努斯（Claudius Aelianus）就曾經提到，西元前373年冬天，一場災難性地震摧毀古希臘城市赫里克（Helike）的五天前，居民就發現老鼠和蛇等動物大量離開。從那之後，就不斷有人聲稱找到地震前兆，如地下水產生變化、輻射氣體外洩、磁場發生變化等。人甚至會認真看待某些前兆。1975年冬天，中國東北的海城，發生了不少怪事，如地下水位改變、蛇大舉出巢等，接著遭受一連串小型震顫侵襲。中國地質學家警告，這些是大地震即將來襲的前震。當局即刻下令進行大規模撤離。2月4日，大地震真的發生，而且是芮氏規模7.3級的毀滅性地震。原本估計會造成100萬人傷亡的大地震，因為事先撤離民眾，只有2,000人不幸喪生。預測地震的夢想，似乎已成真──直到隔年發生芮氏規模7.6級的唐山大地震。這次沒有預告大地震即將到來的前震，至少造成25萬5千人喪生。後來，有人聲稱在發生地震前，該地區的動物曾出現反常行為。這是人們沒有留意的重大線索，或只是事後諸葛？在一切完全無異狀時，動物行為的「反常」，又有多常發生？

要找出答案似乎很簡單：多做研究。目標也很明確：一試再試，直到成功為止。但這是假設有成功的機會。萬一這是不可能的任務，怎麼辦？唐山大地震發生時，沒有人願意相信地震不可

能預測。許多科學家仍信心滿滿，夢想有朝一日能夠設立一個網路，提早幾小時、甚至幾週，偵測到地震前兆，民眾就算無法完全逃離當地，起碼也能就地掩蔽。顯然，預示地震的前兆必須要夠可靠，科學家因此加倍努力，想要找出這樣的前兆。然而，一個沒多少人關心的問題是：前兆必須可靠到什麼程度，有任何前兆可能符合要求嗎？

要探討這個問題，就要先了解，預測地震這個問題，本質上就是可靠的診斷。醫療診斷檢驗的成敗，端看它們能否為某項特定風險提出證據，地震預測法也不例外。若地震預測要達到預警目的，就必須分辨假警報與真威脅的差別。但最重要的是，規模大到需要進行大規模撤離的地震，其實很少（謝天謝地），因此地震預報辨別警報真偽的能力，也要好到足以彌補這個事實。因此，這個問題就變成了：地震前兆到底有沒有一點可信？

根據前一章的「幾個百分點法則」，答案並不樂觀。這條法則指出，若大地震在一段時間內（如一個月）來襲的風險，低於幾個百分點（事實是如此），那麼除非地震前兆的偽陽性率也低於幾個百分點，不然很可能是假警報。也就是說，預警系統的地震前兆，偽陽性率就是要這麼低。儘管人類努力了幾百年，還沒找到稍微構得上這個標準的地震前兆。深入分析這些前兆，證實這個令人沮喪的真相。[1] 就算奇蹟似地找到一個真陽性率達100％的地震前兆，偽陽性率仍必須低於約1/1,000，才能彌補大地震極其低的發生或然率。我們所知引發地震的過程，也未能給我們任何期望，能夠找到如此可靠的地震前兆。

無法準確預測，只求萬全預防

你可能會想問，地震預測既然存在著如此根本的問題，為何人類沒有在幾十年前就直接放棄。酸民會說，那些人之所以願意尋找虛無縹緲的地震前兆，是因為有金主。寬容的說法是，那些研究者沒有察覺到，或然率障礙會讓他們永遠也無法成功。不過，到了1990年代中期，這個問題隨著現實浮上檯面。嘗試找出可靠地震前兆的努力一敗塗地，完全無法漠視。雖然有些地震學家仍然堅持夢想，希望能像氣象學家預測風暴一樣地預測地震，大多數地震學家後來分成兩派。其中一派接受地震發生的時間及地點永遠不可能準確預測到，人類也無法事先對任何特定地震事件採取行動。於是，他們轉而努力研究毋庸置疑的事實：世界上有些地區，遭受大地震襲擊的風險，特別嚴重。例如，記載中最具毀滅性的大地震，絕大多數發生在所謂的「環太平洋火山帶」（Ring of Fire）。我們也確知，這些高風險地區，有些人口密度極高的地區，尤其是日本。因此，雖然沒有人能夠斷言，大地震會在何時侵襲何處，但我們確實知道，哪些地點面臨產生重大傷亡的高風險。這一派的地震學家就以此做為「緩和策略」（mitigation strategies）的基礎，如建築物和水電供應的抗震能力；教育民眾在大地震來襲時如何以最佳方式因應。

相較於有如科幻情節般刺激的地震預測術，這些似乎沉悶多了，但至少有用。2010年2月，智利遭到芮氏規模8.8的巨震侵襲，這是史上最強烈的地震之一。這個災難在智利全國造成重大損害，釋放的能量大到足以影響地球自轉，然而此次震災的罹難

人數卻不到600人，主因就是智利擬定的建築法規，要求住家與辦公室都必須具備抗震設計。加勒比海國家海地則是悲慘的鮮明對比，該國在幾週前遭逢芮氏規模7的地震侵襲，儘管地震威力弱500倍，但是當地密集而結構不良的簡陋小屋被震得片瓦不留，造成22萬人罹難。

緩和策略之所以能成功，是因為它著眼的時間長度，基本上在那個期間一定會發生地震，因此不需要根本不可得的可靠地震前兆。然而，還有另一套策略，同樣也證明相當成功。諷刺的是，這套策略用的是所有地震的終極指標，也就是地震本身。

岩層無法承受推擠的壓力而破裂，就會產生地震。岩層碎裂處就是所謂的震央，地震波從這裡開始擴散，造成毀滅性的損害。不過這些地震波的形式各有不同，最重要的是，不同地震波的行進速度不同。傳導最快的是所謂的主波（P波），來回移動的速度可達到驚人的時速1萬到2萬公里。接著傳來的是次波（S波），上下移動所造成的損害，遠比主波來得具有毀滅性──不過行進速度只有主波的一半。因此，若能偵測到P波，就有可能在S波抵達前30到60秒，發出極可靠的地震預警。聽起來似乎沒什麼了不起，但卻足以拯救生命。在1960年代，日本工程師建造著名的新幹線「子彈列車」網路時，就對這點有所體認。他們安裝了地震計，以警示列車駕駛及時剎車，減低高速行駛的脫軌風險。到了1990年代早期，這套預警系統演變成「早期地震檢測警報系統」（UrEDAS），一旦偵測到P波，就會自動接管受到危害的列車。這套系統並非全然不會出錯，2004年在東京以北有一列子彈列車，遭逢芮氏規模6.8級的地震侵襲而脫軌，因為那次地震的

震央實在太近，所以什麼都來不及反應。即使如此，這套系統證實，我們確實需要極度可靠的地震「前兆」，即使只能提早短短幾秒鐘提出警報都好。令人驚奇的是，子彈列車營運超過五十年，運載了100億人次的乘客，穿梭於地球上地震活動最為頻繁的地區之一，竟然連一名因為地震而喪生的乘客也沒有。

UrEDAS如今推廣到日本全國，讓人們最起碼能夠在地震來襲前，提早幾秒鐘得到警報。待在室內的人最少可以遠離外牆和窗戶，躲到桌子底下保護自己，在室外的人則可以跑到空曠處。2011年3月，規模達9.0的毀滅性地震侵襲福島，有家電視網在震波抵達前一分多鐘發出預警，拯救了許多人的生命。類似的地震預警系統如今也推廣到別處，特別是墨西哥。在距離墨西哥市大約350公里外的格雷羅州（Guerrero）海岸，設置了一套地震偵測網路，可提供大約一分鐘的預警時間。早期預警系統加上地震緩和策略，如今已能達成科幻夢想中的地震預測術未能達到的成果。

氣象預報，你讀懂了嗎？

這套保證災難臨頭的預測概念，同樣適用於預測最反覆無常的自然現象：天氣。氣象預報領域的發展無疑有所進步。根據英國氣象辦公室的資料顯示，由於衛星監測與運算能力的進步，如今未來四天的氣象預報，與1980年代的明日氣象預報一樣可靠。預報天氣放晴或下雨的準確度，據稱可達約70％到80％，預報氣溫範圍更可達到超過90％。不過就跟往常一樣，「準確度」在這裡究竟是什麼意思，還是不甚清楚。無論如何，許多英國人都曾

遇過沒有預報的傾盆大雨，或是有預報卻不見踪影的風暴，而對氣象預報數字難以全然信服。

這裡的問題並非氣象預報「不可靠」，而是我們對氣象預報的反應不恰當。舉例來說，假設你打算在公園裡享用午餐，卻聽到氣象預報說會下雨。以氣象預報的準確度大約為80％，你顯然應該帶把傘。然而，這裡沒有考量到準確度有兩種形式：正確預測某件事成真，以及正確地無視於某件沒有成真的事。就下雨預報這件事來說，假設80％指的既是真陽性率，也是真陰性率，表示在100次真的下雨的情況下，氣象預報會有80次正確，而在100次沒下雨的情況下，氣象預報也會有80次正確。然而，若要知道對預報結果該如何回應，還得再知道一個數字：午休時刻下雨的機率。在英國，任何一個小時會下雨的或然率大約是10％。現在，我們有了要解讀氣象預報的意義所必需的資訊。這個結果，可能和你的預期大相逕庭。

最簡單的解釋就是，在氣象預報下雨時，在戶外待一個小時，如此行100次，看結果如何。我們已經知道，一般來說，這100次裡預期約有10次下雨，90次沒下雨。氣象預報有80％的真陽性率，意思是在10次下雨的午餐時刻裡，氣象預報會正確預測到其中8次。但這並非是氣象預報下雨時唯一會發生的情況。氣象預報也有80％的真陰性率，表示沒下雨時，也會有20％的時候預報不正確。因此，在沒下雨的90個小時裡，有20％的時候預報錯誤，意思就是還有18次誤報會下雨。因此總共會有 8 + 18 = 26 次預報會下雨，其中只有8次是真陽性，即命中率是8/26，或是31％。這遠低於氣象預報準確率的表面數字80％。由此可知，任

何預報將合理度納入考量,有多重要;在這個例子中,降雨機率僅有10%的低風險是關鍵。

不過,我們還是要做個決定:是要照常出去透透氣,還是帶把傘出門,或者乾脆取消外出?常識告訴我們,這取決於無視氣象預報的後果為何,但這裡還有點其他學問。就如同預報有兩種不準確,我們對預報的反應,同樣有兩種錯誤方式。以氣象預報為例,我們有可能錯誤地無視一項後來證明正確的預報,也可能錯誤地相信一項後來證明錯誤的預報。怎麼做才是最佳決策,取決於事件本身的盛行率、預報的可靠度,以及我們對於錯誤決策後果的看法等各因素間複雜的互動關係。換句話說,何謂對「準確」預報的正確反應,因人而異。例如,前述數學計算的結果告訴你[2],應該無視於下雨預報,除非你覺得比起取消散步最後沒下雨,淋雨的懊惱至少嚴重兩倍。那麼,帶把傘又如何?除非你覺得沒帶傘碰到雨,比帶傘卻沒用上的感覺至少糟兩倍,否則就不必麻煩了。

經過以上種種,無怪乎預報如此聲名狼藉。還算可靠的前兆就算存在,預測本身仍然可能一點用都沒有,只因為你嘗試預測的事情一點都不尋常(不過不尋常通常是好事)。我們大多數人對於「準確度」的概念,在理解上都有瑕疵,導致得到預測資訊後還是無法做出好選擇。即便如此,事情不如預期時,我們還是認為都是預測者的錯。一切都要回歸一個最基本的事實:我們面對的是不確定性和或然率。因此,經過驗證的預測方法,能在長時間得到印證,而不是次次靈驗。

┃這樣思考不犯錯┃

　　人類預測自然事件的夢想，就跟人類歷史一樣久遠，然而預測能力有根本上的限制。了解這些限制，並找到因應限制的預測方法，是對未來事件能做出最佳決策的關鍵。

20

貝牧師的神奇公式

2013年7月某個晚上，美國海岸巡防隊接到通報，說長島外海發生事故。這次的搜救任務，似乎注定是救不到人的悲劇。一艘龍蝦船通報說，有名船員在離岸40英哩的大西洋上失蹤了。[1]他在當晚不知何故落海，更糟的是他獨自一人工作，沒有人知道意外何時何地發生。直升機駕駛麥克·迪爾中尉（Mike Deal）和同袍駕機起飛，心知肚明，在廣達4,000平方公里的海面上，要找到一個漂浮在某處的人，希望十分渺茫。不過，關鍵在於，找到的機率並非是零。他們還有一絲希望，因為有項叫做「Sarops」的神奇工具，可以大幅提升成功機率。這個名字聽起來像是一個裝滿感應器、電子元件和微晶片的新奇盒子，但它其實是一套數學演算法，全名為「搜救最佳規劃系統」（Search And Rescue Optimal

Planning System），可以把水手在何時何地落難的模糊線索，搭配當地情況資訊，進行運算處理，大幅縮小搜救範圍。

隔天清晨，海岸巡防隊把那名漁夫落海時間地點的估計值輸入Sarops，系統計算出幾個最可能找到人的地點。於是，迪爾中尉等人根據這些搜救建議，駕機搜救。隨著時間過去，意外可能發生時間有多資訊出現，Sarops也據此為直升機組員提供更新的搜救地圖。在經過七小時的搜救，燃料表快要見底不得不返航前，迪爾中尉的副駕駛突然大叫，他看到有東西漂在海上。於是，他們調轉回頭，發現那名漁夫在汪洋大海中載浮載沉，雙手瘋狂地揮動著。

以搜救的低成功率，Sarops能夠讓迪爾中尉等人順利完成任務，似乎是奇蹟。但實際上，他們確實應用到一些由某位牧師率先探討的觀念。我們不清楚是什麼促使英國長老會牧師、業餘數學家湯瑪士‧貝葉斯（Thomas Bayes，1702-1761）發展出他的同名公式；然而，他那看似簡單又訴諸直覺、卻威力驚人的研究結果，無疑已成為機率理論最具爭議的理論。[2]用白話說，貝葉斯的研究成果就是：

貝牧師的神奇法則

對某事新的相信程度
＝過去的相信程度＋新證據的分量

　　對於某個理應屬於機率定律的法則，以上陳述非常奇怪，因為根本沒提到或然率、頻率或隨機性。它只是軟調性地談到關於相信（befief）與證據的概念。然而，關於或然率，這句陳述點出一個貝葉斯體認到、但迄今仍有爭議的特徵：或然率可用來表達相信程度。目前為止，我們對或然率的探討，幾乎完全著重在理解擲骰子之類的機率事件，這是我們十分熟悉的。但就如同賭場那一章提到的，擲骰子只是或然率的一種形式，也就是所謂的「機遇」（aleatory，字源為拉丁文的「骰子玩家」）或然率。貝葉斯的研究結果揭露，或然率概念還有更有用的用處：捕捉出於知識不足、而非出於隨機的不確定性。這種「認知」（epistemic，衍生自希臘文的「知識」）的不確定性，本質上與機遇或然率截然不同，因為至少在原理上來說，只要利用證據就可以減低這種不確定性。至於如何用證據減低不確定性，又能夠減少到什麼程度，這就是貝葉斯的研究焦點，也切中所有科學研究尋找答案的核心要義：如何把證據轉化為可靠的知識。不過，貝葉斯的論文標題完全沒有反映出這點。這篇發表於1764年的論文〈解決機遇論問題之我見〉（Essay Towards Solving A Problem in the Doctrine of Chances），內容讀起來就和它的標題一樣沉悶枯燥。這篇論文以古英文書寫，通篇充斥著老式代數，光看就覺得累，更別說動腦去想。[3]此外，貝葉斯自己一直無暇發表這篇論文，它居然還能重見天日，也算是另一個奇蹟。這點要歸功於貝葉斯的朋友、同樣身為業餘數學家的理查・普萊斯（Richard Price）。普萊斯在貝葉斯於1761年死後，在他的文稿中看到了這篇論文。普萊斯領略到這篇論文的意涵後，就把它送到全球頂尖的英格蘭皇家學會；學

會不但正式刊載這篇論文，還讓決心將這篇論文重要性公諸於世的普萊斯撰文導讀。他強調貝葉斯解決的問題，「絕非只是機遇論裡的奇特臆測」，也將深切影響「我們對過往事實，或許還有往後的所有推論」。

我們不知道貝葉斯為何從未發表這篇論文。也許他覺得還有很多研究工作必須完成，但卻欠缺所需的數學能力。他不太可能早就猜到，自己的手記在他身後的250年間會引發如此熱議。有些研究者甚至避免在學術論文中用到「貝氏」一詞，擔心引人群起攻之。

如何推測骰子是否公正？

機敏的讀者也許已經察覺到，爭議的根源在於，更新對事物的見解時，貝氏法則所要求的元素。對此，我們稍後會一探究竟，不過了解起源也有幫助。事情起於貝葉斯想要回答一個完全合理、但在17世紀末奠定或然率理論的卓越數學家全都未能回答的一個問題。他們想出一些公式，說明各種古典隨機事件的或然率，如擲10次骰子，出現三次3點的或然率是多少。這種公式對賭徒來說顯然很有價值，他們可以用這些公式決定是否值得賭一把，只需要把三個數字代入公式即可[4]：擲任何一次骰子得出某事件的機率（在這個例子中是1/6），想達到的成功次數（3次），以及總機會數（10次），答案就會自動出來（大約是1/6.5）。若有賭徒能夠找到優於此的賠率，如1賠10，就值得賭一把，因為提供此賠率的人，對於這個事件發生機率的想法，低於實際發生

機率。有可能是因為這個人不知道怎麼計算。不過，賭徒也要小心，因為精明的博彩公司會使用同樣的公式，提供看似還不錯的賠率，但實際上的賠率和他們想的大不同，如至少出現三次3點的機率（大約是1/4.5），或是出現3的次數不超過三次的機率（高達93％，幾乎是保證發生）。這些公式可以處理所有這些問題，不過這也點出在計算或然率時，精準的遣辭用句至關重要，我們即將看到這對於貝葉斯的研究成果，會造成多大的爭議。

表面上看，貝葉斯的目標十分直截了當：他想把平常用的這些公式反過來用。也就是說，現在不是一開始就知道擲骰子有哪些結果，然後計算各種結果的機率，而是以終為始，從結果反推骰子的狀況。很明顯地，這種公式對賭徒來說也很有用，尤其可用於察覺詐賭。看到有人擲五次骰子有四次6點後，我們可能懷疑他詐賭，但要如何運用證據量化疑慮？

貝葉斯在論文中，寫下了如何進行這種計算的理論。他首先提供一個簡潔的小對策，應付一個非常普遍的問題：對於那些出現機率會受到先前事件影響的事件，要如何計算或然率？舉例來說，從一疊撲克牌裡抽出一張王牌後，不把牌放回去，這顯然會影響到再抽到另一張王牌的機率。對此，貝葉斯算出了相關公式（詳見第188頁專欄）。

貝葉斯接著指出，如何以這條簡單的公式做為基礎，把觀察結果轉化為見解。舉例來說，任何人若是看到擲銅板擲出正面的比例異常地高，就可以用這條公式，將這些觀察結果轉化成為對銅板公平性的見解；具體來說就是，擲出正面的機率，是否真的大約是50％。不過，普萊斯在為故友論文所寫的導讀中強調，貝

貝氏定理：將資訊化為見解的利器

貝氏定理最基本的形式顯示，事件 A 發生的機率，會對後續事件 B 發生的機率造成什麼影響。具體來說，在 A 事件已經發生的情況下，B 事件的「條件或然率」等於：

$$Pr(B \mid A) = Pr(A \mid B) \times Pr(B)/Pr(A)$$

新資訊因此得以轉化成見解。舉例來說，若有人從一疊撲克牌裡隨機抽一張，不用想也知道，抽到方塊的機率是1/4。但若有人告訴我們，那張牌是紅色的，根據貝氏定理，這張牌是方塊的機率，就會跳升到1/2。那是因為 Pr(紅色 | 方塊) = 1（因為所有方塊牌都是紅色的），Pr(方塊) = 1/4，Pr(紅色) = 1/2，因此按照貝氏定理，Pr(方塊 | 紅色) = 1/2。當然，不必用貝氏定理，也能算出這個機率，因為每個人都知道紅色牌有一半是方塊。重點在於，同樣的基本觀念，同樣適用於更為複雜的問題，如醫療診斷。

不過，還有一件簡單卻重要的事：不要粗心把條件或然率反置了。Pr(B | A) 跟 Pr(A | B) 看起來很像，但按照定理，只有在 Pr(B) 也等於 Pr(A) 時，這兩個條件或然率才會剛好一樣。我們稍後就會發現，這對於了解茶毒科學界數十年的重大醜聞，有多麼重要。

葉斯奠定的基礎，遠比這篇論文單調的標題還要意義深遠：貝氏為把觀察結果轉化為見解的普遍性問題，廣開大道。這個關聯的關鍵就在於，或然率可以用來估測一個人有多相信某件事。我們在日常對話中就經常做出這種連結：我們會說我們相信某件事發生的「可能性很高」，或是那件事發生的機會「一半一半」，或是對某事「有九成九把握」。貝葉斯所做的就是指出，我們不但可以用或然率（或是關係密切的賠率），把自己的相信程度量化，還能夠應用或然率定律，印證自己的相信程度。

雖然貝葉斯從未如此陳述貝氏定理，不過貝氏定理可以重新整理成某種形式，使我們得以根據新證據，更新對某件事的相信程度（詳見第190頁專欄）。[5]

關鍵的「概似比」

用白話來說，貝氏定理就是用或然率的語言，說明我們對某個假設或聲明，相信到什麼程度。這個定理最簡單的形式，就是用賠率表達對某個理論的真假有多少信心。像是太陽明天會升起這種可靠的事，可靠度會反映在高或然率上，因此賠率就「低」；至於像是貓王住在月球陰暗面那種不可靠的聲明，或然率就很低，賠率就高。貝氏定理接著指出，只要出現新證據，就可以乘上一個叫做「概似比」（Likelihood Ratio）的因子，更新我們起初（「事前」）的相信程度。這就能夠衡量如實驗結果、針對許多人進行的長期研究等所提供的證據，究竟有多少分量。雖然概似比看起來好像很複雜，但其實很直覺。舉例來說，假設我們對事

貝氏定理：如何用證據更新相信程度

貝氏定理指出，對於某個聲明或理論的相信程度，應該如何隨著新證據的出現而改變。這個定理最簡單的形式，量測的是證據對於聲明證明為真的「機會」（odds），所產生的影響：

機會 (新證據出現的情況下，你相信的事為真)
= LR x 機會 (你相信的事為真)

LR是所謂的「概似比」。這個比率表示證據強度，由兩個所謂的「條件或然率」構成的比率決定，也就是以兩個相斥的假設為條件，各自的或然率比率：

$$LR = \frac{Pr(假設你相信的事為真，而觀察到證據)}{Pr(假設你相信的事並非事實，卻觀察到證據)}$$

儘管看起來有些複雜，其實相當直覺，而且只要經過解釋，也很易於運用（這是真話）。詳見後文的內容及範例。

情看法正確，得到證據的或然率非常高，那麼在概似比分式上方的數字，就會很接近1，即任何或然率的最高值。

因此概似比反映的是，支持我們對事情看法的證據，比證明看法無關甚至相反（這時或然率就會低於0.5）的證據，來得更有分量。此外，假設我們對事情的看法錯誤，這時能看到證據的機率會很低，表示這項證據有利於區分我們的看法和其他的可能。根據常識，這還是會增加概似比的總值，因而增添支持對事情看法的證據分量。

例如，倘若在篩檢結果出爐前，認為某位病人罹患乳癌的機率僅5％，就等於把對罹患乳癌機會的最初看法設定為0.05。假設篩檢方法在有乳癌的情況下，得到陽性反應的或然率是80％，而沒有乳癌卻得到陽性反應的機率（「假警報率」）是20％，那麼這項篩檢的概似比就是0.8/0.2 = 4。貝氏定理告訴我們，篩檢結果呈陽性反應，我們對病人罹患癌症的相信程度，應該從最初的0.05提升到4倍，因此更新後的機會是0.2。把這轉換成或然率，就表示有17％的機率罹患乳癌，因此儘管篩檢結果呈陽性，還是有83％的機率並沒有罹癌。你也許覺得這個結果似曾相識，那是因為這正是第18章利用簡單的比率和常識所得到的結果。這裡點出貝氏定理的關鍵：在所有必要資訊都有明確定義且可精確測量，可能產生的結果又相當單純時（罹癌或沒罹癌），貝氏定理一點爭議性也沒有。

不過就像貝葉斯自己發覺到的，在很多可能用得上這個實用定理的場合，事情並非如此直截了當。敏銳的讀者也許已經發現問題出在哪裡：貝葉斯的法則可以讓我們在面對新證據時更新看

法，但很明顯地，首先得對事情有事前的想法，後來才能更新。就癌症篩檢來說，我們可以從針對全體人口的大規模研究，對於某人罹患乳癌的機率，得到一些事前的想法。尋找失蹤漁夫的美國海岸巡防隊，面對的問題顯然較棘手。首先，這個問題不是簡單的是非題，而是關於最佳搜索區域的問答題。此外，搜救隊對於意外發生地點，事前只有一些模糊的概念。不過，他們還是能夠得益於貝氏定理的關鍵特徵：持續不斷更新想法。因此，對於漁夫位置，最初的猜測地點證明不正確後，加上洋流之類等因素有新的資訊，就能夠把這些輸入搜救系統，形成新看法；看法本身經過一連串的迭代，就能夠愈來愈趨近目標。

事前難題：主觀？客觀？還是瞎猜？

然而，對於該從哪裡找起，海岸巡防隊最起碼有個概念，例如到太平洋找顯然就沒有道理。不過，若遇到沒有任何證據的情況，該怎麼辦？假設我們懷疑賭場的新遊戲被動了手腳，在毫無頭緒的情況下，該怎樣建構起這遊戲可能不公平的起初（「事前」）想法？對於這個稱為「事前難題」（Problem of Priors）的麻煩，貝葉斯自己提出一種解決辦法：就用手頭的觀察結果，先做第一次的猜測。這方法有用，不過只在某些情況下管用，因此他的公式被認為實用價值有限[6]。即使普萊斯大力宣揚故友的研究成果，又是由世界級的科學機構出版，也無法改變這個幾乎完全被漠視的事實。

幸好貝葉斯並非是唯一一個思索如何將觀察資料化為見解的

人，一如許多重大突破的研究者。在1781年，有志於數學的現實運用、出色的法國數學家拉普拉斯（Pierre Simon de Laplace，1749-1827）從同事那裡聽聞貝葉斯的研究，就對同樣的議題苦思多年。他同樣努力要解決「事前難題」，最後提出了看似顯而易見的解決辦法：若我們對於某件事沒有起初的看法，如不知道某一枚硬幣擲出正面的機率，何不就假設那個機率落在0到100％間任何一個值的機會，完全都一樣呢？這個稱為「理由不充分原理」或「無差別原理」的方法，不但簡單好用，應用範圍似乎也相當廣泛。拉普拉斯自己就用這條公式於人口統計、醫學以及天文學等各種問題。1827年逝世前，他不但賦予貝葉斯法則現代通用的格式，也為它掛上權威認可保證（這條定理今天被稱為貝氏—拉普拉斯定理，可見一斑）。不過，拉普拉斯的方法很快就受到新一代研究者的攻擊，他們抓著整個推理過程的致命傷猛打：在沒有任何證據下，就先設定對事情的事前看法，是有問題的。有些人反對拉普拉斯用「無差別」的態度，做為開始計算的起點；有些人則不喜歡他用看似模糊不定的「相信程度」，而不是簡潔確實的事件頻率，運用或然率概念。

批評最大聲的，是那些把貝氏—拉普拉斯定理，視為對整體科學工作一大威脅的人。他們認為，這個定理要求人們起初要有些想法，等於威脅到科學研究最寶貴的客觀性。在沒有任何事前見解的情況下，有什麼能夠阻止研究者，用瞎猜建構事前見解（更糟的是，用主觀意見）應用這項定理？那會使得研究者只需調整事前相信程度，就能從觀察資料裡得到任何他們想要的結論。有自尊的科學家怎能袖手旁觀，讓這種行為滲透到追尋真理

理當冷靜清明的過程？

到了1920年代，貝氏定理已被科學界掃地出門。雖然當代最有影響力的統計學家，接受了貝葉斯簡潔俐落的方法，以計算受到其他事件影響的「條件或然率」，卻拒絕讓它扮演把證據轉為見解的角色。相反地，他們根據似乎全然客觀的「頻率主義」概念，發展出全新的工具。在所謂的頻率主義下，或然率依舊只是事件在能夠發生的機會下，實際發生的頻率。頻率主義基本上堅持採用或然率理論的原始公式，假設已經知道事件的成因，因此直接給出預期的結果，避免貝氏定理所造成的「事前難題」。舉例來說，支持頻率主義的人如果要研究一枚硬幣是否公平，他們會先假設硬幣是公平的，然後用標準或然率公式去計算倘若假設為真，理應觀察到的結果。如果實際上觀察到的結果，在硬幣是公平的情況下，只有很低的機率會出現，頻率主義者就會主張，證據顯示這枚硬幣是公平的機率很低，因此你應該懷疑有人要老千。

頻率主義的推論謬誤

如果你覺得這聽起來不太對勁，恭喜你——你剛剛發現了百餘年來許多（說不定是大多數）研究者都沒掌握到的推論瑕疵。這個論證犯了一個根本上的錯誤：它宣稱以B為條件的A事件或然率，和以A為條件的B事件或然率，兩者是一樣的。在我們所舉的擲銅板範例中，這個錯誤就在於假設以下的立論成立：

Pr（硬幣為公平下，出現擲銅板所得到的證據結果）

= Pr（在得到擲銅板出現的證據結果下，銅板確實為公平）

　　然而，就如同貝葉斯毫無爭議的條件或然率所言，像這樣把兩者混為一談是很危險的。就如同前述專欄所述，明明是很簡單的或然率問題，卻會因為混為一談而錯得離譜，如抽到一張紅色撲克牌是方塊的或然率（50％），等於抽到一張方塊撲克牌是紅色的或然率（100％）。在把證據轉化成見解時，若是不慎把條件或然率倒反過來，正是釀成大災難的最好方法。之所以會如此，是因為犯下了邏輯謬誤，先假設某事為真，演繹出一個結論，然後再用這個演繹出來的結論，回頭測試先前的假設。

　　貝氏定理指出，只有在擁有額外資訊時，才可以把條件或然率倒反過來。如果要對資料的相信程度做推論，就表示必須要有一點事前或然率，認為我們對事情的想法是正確的，也就是說，我們必須面對「事前難題」。就如同我們所見到的，事前難題並非每次都會造成問題，有時候就有現成的資料來源，可以形成事前見解，如過去的研究成果就是不錯的參考。不過，很多時候並沒有這種資料來源，這時我們就必須面對現實，只能運用主觀猜測，從資料中形成見解。然而，最重要的一點是，貝氏定理顯示，隨著證據逐漸積累，無論一開始用什麼猜測值，都會愈來愈不重要，因為證據「自己會說話」，一如同美國海岸巡防隊的案例所示。[7]

　　隨著頻率主義的方法變得愈來愈受歡迎，有些統計學家不斷警告以偏概全的危險；然而過去數十年來，這些警語完全遭受漠視。即使時至今日，許多研究者仍然繼續採用頻率主義的方法，

從資料中形成見解，結果是從經濟學、心理學、醫學到物理學等各領域都產生無數輕者可疑、重者根本錯得離譜的研究論述。這些根據有瑕疵的頻率主義邏輯而來的「研究發現」，經常難以重製；頻率主義方法容易出錯的證據，如今開始浮上檯面。後文還會探討這個極為困擾的議題，不過最令人震驚的，也許是頻率主義的瑕疵竟然被容忍了這麼久。事態如今正在轉變，許多領域的研究者，逐漸採用所謂的「貝氏方法」，部分原因是這套方法的威力。由於先前一直沒有完備的貝氏方法研究工具，包括貝葉斯本人在內的研究者在應用貝氏方法計算現實問題時，經常會碰到難關。如今有了廉價而充裕的電腦運算能力，貝氏方法可用來處理極為複雜、涉及許多相斥理論的問題，解決貝氏方法計算繁複的難題。

研究者如今愈來愈能體會貝葉斯牧師神奇公式的許多優點。就如同我們即將看到的，你甚至不需要代入任何數字，也能利用貝氏定理。

這樣思考不犯錯

或然率定律並非只能應用在擲銅板之類等微不足道的機率事件，也能用來捕捉關於相信程度與證據的模糊概念，並且將兩者結合起來，形成嶄新的見解。這個過程的關鍵就是貝氏定理，一個長期備受爭議但逐漸成為「讓證據說話」的最佳方式。

21

當圖靈博士遇到貝牧師

　　2012年4月，英國政府通訊總部（GCHQ）終於公開一個受到最嚴格保護的最高機密：一份解密的44頁技術文件，概述一種極為強大的方法，用以破解敵人密碼。這方法有多強呢？這套破解法出現在二次世界大戰期間，但英國政府通訊總部內部人士透露，數學家花了超過70年才了解「箇中玄機」。如此機密的文件公諸於世，自然值得一提，不過也很值得一提的是，這份文件的作者是亞倫・圖靈（Alan Turing）。這位卓越的劍橋大學數學家，不但是破解納粹密碼的關鍵角色，如今備受稱頌，後來還是發明電腦的先驅。

　　圖靈所撰的〈或然率對解碼學之應用〉（The Applications of Probability to Cryptography），報章媒體自然大作文章。不過對於

行家來說，這份文件有一點更令人印象深刻：它談到了證據、或然率以及如何運用事前證據。這份文件證實了1970年代以來許多人的臆測：圖靈與他在同盟國解碼中心布列契公園（Bletchley Park）的同事，廣泛使用貝氏定理。貝氏定理是解碼關鍵，最早的線索是由圖靈在布列契公園人稱「傑克」的數學家同事古德（I. J. 'Jack' Good）所透露：古德熱衷貝氏定理，他在1979年發表一篇論文，論及圖靈在戰時的統計研究工作，文中露出蛛絲馬跡。[1] 在當時，光是提到貝葉斯運用事前證據的想法，就足以引發名流統計學家憤然駁斥。如今，事情很明顯，當這些名流統計學家在外頭的世界，對貝葉斯及其研究成果發動思想戰爭的同時，圖靈和他在英國政府通訊總部的同事，卻在絕對機密下，運用貝葉斯的想法，在這場血淋淋的戰爭中，帶領英國邁向勝利。

貝氏定理大顯神通：密碼戰與間諜戰

早在學生時代，圖靈和古德就極力想避開當時風靡研究圈的頻率主義教條，轉而投向貝氏定理的懷抱，因為這似乎很適合處理解碼工作的核心挑戰：將線索和直覺轉化為見解。他們運用貝氏定理，從觀察到的資料（也就是攔截到的敵方訊號）反向操作，推算納粹武裝部隊採用的恩尼格瑪密碼機（Enigma），最有可能對作戰行動通訊採用的加密設定。恩尼格瑪密碼機的轉盤跟配線，能夠以1,500萬兆種不同的方式加密訊息；布萊契公園的領導者甚至曾經懷疑，經過恩尼格瑪密碼機加密的訊息，根本不可能「破解」。他沒有料到，只要運用貝氏定理，就能用非常微弱的線

索搭配資料，不斷反覆查驗，直到正確的設定出現為止，然後就可藉此解讀加密訊息。

布萊契公園的解碼員，還用到第一台原始的電子電腦「巨像」（Colossus），將貝氏定理進一步發揚光大；兩者的結合，就連希特勒本人用來把最高機密傳給戰場指揮官、遠比恩尼格瑪密碼機強大的羅倫茲密碼機（Lorenz），也能迎刃而解。

在二戰之後，貝氏定理可能也造就了西方世界在冷戰時期的最大勝利：薇諾娜計畫（project VENONA）。蘇聯情治單位在戰時犯下的錯誤，導致其頂尖間諜使用的密碼系統，產生一個微小瑕疵。西方世界到底如何利用這個漏洞，迄今仍然是機密，不過有證據顯示，貝氏定理與電腦再次扮演關鍵角色。薇諾娜計畫在1980年代結束時，已經糾出包括克勞斯・福赫斯（Klaus Fuchs）、艾格・希斯（Alger Hiss）及金・菲爾比（Kim Philby）等許多冷戰時期知名間諜的真面目。

古德在1960年代重返學界之後，就成為長期乏人問津的貝氏方法少數的中堅傳承者。有時他只能坐聽別人貶損貝氏方法，基於保密規定，無法援引自己的經驗予以駁斥。[2] 這麼嚴格的保密規定有其道理。因為在1951年，有兩位為美國情報單位服務並參與薇諾娜計畫的統計學家，獲准發表一篇結合貝氏方法的論文，其價值馬上就被蘇聯解碼員注意到了。[3]

他們一定很想一睹圖靈的最高機密文件，因為那裡有貝氏定理如何應用於一般解碼問題的入門課。圖靈從基本原理開始講起，進而應用於愈來愈複雜的系統，最後還附上範例。這些範例大多十分深奧難解，不過圖靈應用貝氏定理有兩大特色，啟示遠

超出解碼員的祕密世界。首先是理應至關重要的「事前難題」，也就是必須先有起初的相信程度，才能夠運用貝氏定理，透過新證據再更新；圖圖靈對此根本不在意。對於經過深思熟慮，融合確鑿事實與合理猜測，並用以解題，他完全不覺得有疑盧。當時的學術界，大多數深具影響力的統計學家，都對這種做法深惡痛絕（即使在今天仍會引起爭議）。不過對同盟國來說，幸好這些人的影響對布萊契公園鞭長莫及；就算他們的影響力無遠弗屆，也不太可能嚇唬到圖靈，反正他的實用主義與藐視權威，早就出了名。就如同他所指出，只要起初的猜測不要太離譜，隨著新證據不斷出現，藉此產生有用的見解，貝氏定理就會使得最初的猜測，顯得愈來愈無關緊要。圖靈堅持己見，結果成功破解敵方的密碼系統，加速軸心國的敗亡，拯救無數生命；要證明貝氏定理的價值，恐怕沒有比這更令人印象深刻的方法了。諷刺的是，若貝氏定理不是在如此重大且機密的應用上如此成功，戰後它洗刷汙名的速度，理應更為快速。

　　不過圖靈運用貝氏定理還有另一個特點，即使是最不諳數學的人，都能靈活應用。圖靈這一夥人極為聰明，也都不喜歡做沒有必要的複雜計算。他們就和一般人一樣，覺得加法比乘法容易，因此把貝氏定理寫成一種比較容易使用，甚至更為直覺的格式，同時也保有原本格式的所有威力。[4]他們把貝氏定理寫成如專欄所示。

　　對於這條小小的公式，你第一個應該留意的，是它完全呼應我們談論證據與相信程度的方法。這麼一來，我們就有了一條公式，可以把資料轉成證據，增添相信程度。把貝氏定理寫成這個

圖靈版貝氏定理

對理論新的相信程度
＝過去的相信程度＋新證據的分量

「新證據的分量」取決於所謂的「概似比」(LR)，也就是下列這兩個條件或然率的比例：假設你相信的事為真，而觀察到證據的機率，除以假設你相信的事並非事實卻觀察到證據的機率。也就是說：

$$LR = \frac{Pr（資料 | 你相信的事為真）}{Pr（資料 | 你相信的事為假）}$$

格式後，就能把呈現相信程度最基本的或然率形式（範圍從0到1），變成所謂的對數機率（範圍從負無限大到正無限大）。因此關於對事情的相信程度，全然不信就在一個極端，斬釘截鐵就在另一個極端，沒有偏向哪一邊就落在中間，這是一種既自然又完美對稱的量測標準。對數機率不同於0與1這兩個或然率的極值，它的負無限大與正無限大，正好可以警示相信程度的極端；也就是說，對數機率點出全然不信和斬釘截鐵有多不符合現實。這些數值代入貝氏定理，就能顯示抱持如此極端的相信程度，究竟有多不理性，因為無論你有多少證據，也無法改變無限大的相信程度。因此這條貝氏定理的公式寫法，不但能具體呈現看似難以言

喻的相信程度概念，也能顯示相信程度如何隨著證據而改變，同時提醒我們，想追求只應上帝有的確定性，只是徒勞。對此，貝葉斯牧師也一定會認同。

至於新證據對於相信程度的影響應該到什麼程度，在這樣的公式下，也變得較符合常識。就如同專欄所言，我們如今可以根據證據，增減相信程度；至於到底要增減多少，則根據簡單的計算結果而定：用假設理論為真，而觀察到證據的機率，除以假設理論為假，卻觀察到證據的機率。因此若假設理論為真時，比假設理論為假時更容易出現證據，那就增加了證據對理論的支持。反過來說，倘若假設理論為假時，比假設理論為真時更容易出現證據，那就會減損證據對理論的支持。不過還有第三種不能忽略的可能性，那就是不管理論是真是假，證據出現的可能性都一樣大。如專欄所示，這會導致「概似率」等於1，換成對數機率時，就會使得證據的支持力為0。換句話說，這樣的證據對於支持或反對理論，完全沒有差別。

這一切如今都總結成一套直覺式的規則，用以測估證據支持某個想法的程度（詳專欄）。

從心電感應到宇宙源起都可檢驗

現在我們知道如何運用貝氏法則，更新對某個理論的相信程度。這個受檢驗的「理論」，不一定要像次原子力或宇宙源起這等玄奧（雖然貝氏定理可以、也確實在此應用）；舉凡某個加密設定是否用於恩尼格瑪編碼，或者新證據是否支持心電感應的存在，

如何讓證據說話

關於我們對某個理論或聲明的相信程度，若要測估證據產生多少影響，就必須知道（至少要猜估）兩個或然率：假設理論為真而觀察到證據的機率（R），以及假設理論為假卻觀察到證據的機率（W）。貝氏定理指出：

1. 若R**大於**W，證據就具有**正面**分量，增添相信理論為真的程度。
2. 若R**小於**W，也就是說假設理論為真，證據出現的可能性，低於假設理論為假，那麼證據就具有**反面**分量，減損相信理論為真的程度。
3. 若R**等於**W，那麼無論理論是真是假，證據出現的可能性都一樣大。這對於相信程度的影響為0，因此我們理應不為所動。
4. 若我們對R和W一無所知，也無法猜測，那就無法辨別若理論為真，證據是否比較可能出現。這時要做任何判斷，都務必謹慎。

任何假設都可以用貝氏定理檢驗。貝氏定理不問評估的是什麼，只告知評估證據的考量，以及對相信程度有何影響。這條公式真可謂是一語道破「如何讓證據說話」。

　　當我們有明確的數字可以代入公式時，專欄裡的頭兩條規則，就能發揮最大作用。圖靈與同事在破解密碼時，就用複雜的或然率理論，估計他們之所以能夠擷取出可辨讀的訊息內文，是因為猜中正確的密碼機設定，還是出於僥倖，這兩種情況的機率各有多少；然後根據新證據更新猜中密碼機設定的相信程度；如此反覆不斷進行，直到逐漸接近完全「破解」的程度。

　　反之，若要在欠缺明確數字的情況下檢驗聲明，第三條與第四條規則就經常派上用場。舉例來說，據說把毛莨放在一個人的下巴，看看是否發出黃色光暈，就能看出他是否喜歡奶油。這是一個很可愛的說法，父母在夏天總是用這招逗小孩，小朋友也拿這招去測試朋友，發現結果很可靠。然而，大多數成人都知道，雖然檢驗結果看似支持這個小試驗，但仍有點不太對勁。貝氏定理不但能幫我們解惑，還能更進一步點出，檢驗任何理論的關鍵法則。我們很快就會發現，這條法則經常能愚弄許多聰明人。

　　「毛莨檢驗」最可疑之處，在於既然大多數人都喜歡奶油，即使檢驗很無厘頭，結果發現受測者喜歡奶油的機率，仍然非常高。貝氏定理能確認這些懷疑有道理。根據規則三，若無論聲明是否屬實，得到證據的機率都一樣，那麼證據就毫無分量可言。因此雖然小朋友對於每個喜歡奶油的人，下巴都會被毛莨弄得黃亮亮的，感覺到非常驚奇（至少夏天時是這樣），然而貝氏定理指出，這只是一半的真相。這個檢驗法所得到的證據，若要有任何驗證力，不但要對確實喜歡奶油的人，更可能產生正面的檢驗結果，也要對不喜歡奶油的人，更不可能產生正面的檢驗結果，因此需要對喜歡和不喜歡奶油的人都進行檢驗。比較檢驗結果的

必要，就連大人都經常遺漏，何況是小朋友；規則四說的正是這點。這條規則應用起來更簡單，也更能夠被廣泛應用。例如，若有某種可測出某病症的神奇新式檢驗，我們不只需要知道這項檢驗能否對病患檢驗出陽性反應（所謂的「真陽性」）；這項檢驗若要能產生有用的證據，還必須進行比較檢驗，看非病患是否也會驗出陽性反應（所謂的「偽陽性」）。根據規則四，若沒有做這些比較，我們在判斷這項檢驗的價值時，務必謹慎小心。

即便研究者這些工作都做了，診斷檢驗也只有在既有的相信程度基礎上，才能夠增添證據的分量；根據貝氏定理指出，倘若既有的相信程度很低（如病症極為罕見），那麼即使出現有分量的證據，更新過後的相信程度，仍然可能非常低。當然，若是有數字可以代入計算出量化的答案（如第20章），貝氏定理就能發揮最大作用。不過，重點已經很清楚：不能只憑突出的真陽性率，就對聲明內容過度有信心，還得搭配別的條件才行。

如果條件充足，檢驗結果可能會改變歷史，圖靈和同事已經證明這點。幸好貝氏定理不必等到他的報告公諸於世，才獲得更廣泛的認可。貝氏定理能夠把科學的核心過程，也就是在出現新證據時，據以更新所知的這個過程加以量化，因此能派上用場的領域愈來愈多。要檢驗新療法的臨床學家，利用貝氏定理結合既有知識和新資料，使他們能夠用更少的病例，更迅速且更可靠地對療效達成結論。[5] 想要揭開智人演化之謎的古生物學家，利用貝氏定理比較各種理論，然後挑出最合理的。[6] 宇宙學家則利用貝氏定理，以前所未有的精確度，確認了宇宙的性質。[7]

在現代網路戰爭剋敵致勝

貝氏定理也發揮了許多沒那麼高深、但同樣相當了不起的作用，如加速線上搜尋速度、修正打字錯誤，或是透過已知事物自我學習的能力，讓我們免於遭受到許多莫名其妙的麻煩事。歷史重演也會有好事，貝氏定理為圖靈和同事在二戰期間創造勝利，如今也用來對付新的全球公敵：網路罪犯。

電腦網路經常曝露在駭客攻擊下，舉凡跨國媒體帝國、石油公司、軍火承包商和約會網站等，無一倖免。虛擬世界也有演化論，每採取一項反制措施，都會遭逢更進化的駭客回應；人們逐漸認識到，傳統的密碼或加密技術，已不足以保護網路安全。如今有許多網路攻擊事件，都是由能夠繞過安全系統的內部人發動，不過網路罪犯有一件事不曾改變：這些人想要的，就是獲取敏感資訊。無論他們佯裝多久，最終還是得顯露真正的目的，如窺探個資或下載資料。簡單來說，網路罪犯就跟現實生活中的罪犯一樣，也有可以了解和尋找的「作案手法」。

找出這類活動如今已是對抗網路犯罪的重點。英國網路安全公司暗線（Darktrace）就是其中的佼佼者。這間公司有許多職員，都曾經任職於英國政府通訊總部，彷若圖靈等人創造奇蹟的布萊契公園再世。暗線公司保障網路安全的策略是採用一套方法，能得知網路安全無虞或堪慮時，分別是何樣貌。這套方法的核心不是別的，正是貝牧師的神奇公式。

| 這樣思考不犯錯 |

即使沒有明確數字，貝氏定理也有助於揭露我們應對證據提出哪些問題。貝氏定理也提醒我們，有時候我們知道的只是一半真相，有時甚至還不到一半。

22

大人，冤枉啊！

1996年7月21日大約凌晨4點，在經過路易西安那州的警探連續幾個小時的審訊後，戴蒙・席伯鐸（Damon Thibodeaux）終於崩潰，坦承謀殺表妹。審訊前一天，他表妹的屍體在密西西比河畔被發現。席伯鐸對於謀殺的細節娓娓道來：他怎樣用力打她的臉，強暴她，最後用車裡的繩子把她勒斃。審判為期僅三天，陪審團不到一小時就做出裁決：有罪。席伯鐸因為謀殺致死和加重強暴罪，被判處死刑。

接下來15年，席伯鐸都在等待行刑，直到2012年9月，在陪審團全數通過下，他無罪開釋。他成為美國第300位因為DNA證據證明無罪的人；但他也是數百年來無數基於薄弱證據就被判有罪的人。

席伯鐸獲釋後，解釋他如何相信自己犯下罪行：睡眠被剝奪，承受無止無盡的壓力，以致於希望這一切趕快結束的渴望凌駕一切。很明顯地，即使在審判過程中，他的「認罪」內容也是根據警探挑選的線索，加上杜撰的細節所構成。被害人是遭鈍器打擊，不是手；勒斃用的繩子是在樹上，不是在車裡；她身上也沒有性交的跡證，強迫或非強迫都沒有。席伯鐸甚至對審訊人員說：「我不知道我做過這些，不過，是我做的，沒錯。」

殺戮的艱難：證據有多可靠？

簡單來說，這是典型的「偽自白」（false confession）案例，結果是為由來已久但比紙還薄弱的「證據」形式增添分量。對於，沒有人比「清白專案」（Innocence Project）成員更清楚；這個在1992年設立於紐約卡多索法學院（Cardozo School of Law）的專案，負責重新檢視可能誤判的司法案件。本書寫作之時，這項專案已為三百多位並未犯罪的重刑犯洗刷冤屈；但他們通常已在獄中待了十幾年，許多人甚至和席伯鐸一樣，在等待執行死刑。專案成功翻案的冤獄案，有超過四分之一涉及偽自白。那些審判過程更不嚴謹的國家，偽自白的比率有多少，簡直是難以想像。

對於他人的自白，很多人天生就不信任，而貝氏定理最基本的意涵就支持這個態度。如前一章所言，任何來源的證據，若要增添對一個理論的相信程度，必須加上一個非常特定的條件。對於我們認為一個人是否有罪，他的自白若要列為正向證據，就必須符合下列條件：

Pr（有罪下自白）必須大於 Pr（無罪下自白）

講得更直白點，我們必須有把握，一個罪犯自白的機率，大於無罪者自白的機率。這當然是個可以爭議的問題，而這正是關鍵所在：我們顯然不能斷定這個條件舉案皆然。我們當然能夠想像，身處在席伯鐸所面對的壓力下，要什麼口供就有什麼口供；唯一的問題在於，壓力到底要多大才會發生這種事。對有些人來說，沒有嚴刑拷打不可能；對有些人來說，光是上電視15分鐘就夠他受了。貝氏定理的重點，在於要對這兩種或然率加上限制；因為事實上很難保證，事情一定是其中的哪一種狀況。只需稍微想一下，就會發現某些類型的犯罪，可能會出現完全相反的情況。例如，發生了一起手法專業的黑社會謀殺案，我們可以十足肯定，凶手很可能是黑社會職業殺手；這種人嘴巴緊得很，在審訊過程中，他們自白的機率，真會高於無辜者？根據貝氏定理，職業殺手開口自白的機率，光和無辜者一樣是不夠的，必須更可能開口自白，才能在這個案例中成為判定有罪的有用證據。

對於涉及恐怖份子的犯罪，這種疑慮更有道理，因為恐怖份子對於如何抵抗審訊，往往經過特殊訓練。這麼一來，在審訊過程中，有罪的恐怖份子開口自白的機率，實際上遠低於無辜者。此外，在這個案例中，貝氏定理透露一件更驚人的事：恐怖行動的被告嫌犯若是坦承不諱，實際上是犯人的機率反而較低。因此，根據貝氏定理，那些因自白而被判有罪的人，最後很可能是冤獄的受害者。在許多國家，最嚴重的誤審惡例，經常出現疑似

恐怖份子的自白證據，也許並非巧合。1970年代英國的基爾福四人案（Guildford Four），以及伯明罕六人案（Birmingham Six），就是典型的冤獄案例。[1]

在許多案件中，顯然還有其他比自白更可靠、更具分量的證據，如鑑識科學證據。能想到找用其他證據，至少也還不錯。問題在於有太多的鑑識檢驗結果，未經貝氏定理的嚴謹把關，尚未確認確實能成為證據之前，法庭就輕易接納。

就以1975年惡名昭彰的伯明罕六人案為例，有6個人被指控為愛爾蘭共和軍，攻擊伯明罕當地兩處酒吧，造成21人死亡，180多人受傷。這6人當中有4人，在被逮捕後很快就畫押認罪。然而讓他們罪名成立的，還不只是自白證據，其中3人也在所謂的革利士測試（Griess Test）中，檢驗出接觸爆炸物的陽性反應。根據當時的鑑識科學家所言，檢驗結果十分強烈，他「有九成九把握」，被告中有人處理過爆炸物。

不過，這位鑑識科學家此話何意並不清楚——他很有可能只是說明，這項檢驗對於偵測硝化甘油裡的亞硝酸鹽非常有效。就如同貝氏定理所指出，問題出在即使知道在正確的情況下，證據呈現陽性反應的或然率很高（也就是「真陽性率」很高），這也只是一半的真相；若要評估證據的分量，我們還需知道偽陽性率，而偽陽性率必須低於真陽性率才行，這個關鍵點卻從未在審判中提出。令人訝異的是，一直要到1986年，也就是伯明罕六人案判刑10年過後，英國政府的鑑識科學家，才針對這個議題發表了一篇報告指出，玩過撲克牌或尿尿後沒洗手的人，做革利士測試也很可能呈陽性反應。換句話說，這項檢驗雖然有相當不錯的真陽

性率，但也有相當顯著的偽陽性率，因此損及這項檢驗的證據效力。[2] 這類檢驗啟人疑竇，這並非頭一遭。伯明罕六人案審判的前10年，就有人注意到同樣的問題：自1930年代起，美國採用的一項非常類似的檢驗，就會製造偽陽性反應。

然而，更令人憂心忡忡的，是目前在使用的鑑識檢驗中，仍然有不少從未經過妥當的貝氏定理把關，導致無辜的人鋃鐺入獄。根據清白專案的資料，在三百多起冤獄中，幾乎有半數涉及誤解、執行拙劣、未經妥善驗證的鑑識檢驗結果。即使像毛髮顯微術、鞋印分析及咬痕比對這些眾所周知、廣為採用的檢驗技術，也從未經過貝氏定理的嚴格把關，評估這些檢驗法的證據有多少效力（如果有的話）。相反地，清白專案倒是有很多它們失靈的證據，如1989年的紐約懷特鎮（Whitestown）案。該案中，史蒂芬・巴恩斯（Steven Barnes）被控強暴、謀殺婦女，而在陪審團眼中，巴恩斯罪證確鑿：雖然目擊證據零零落落，鑑識證據卻很有說服力。巴恩斯的卡車輪胎上，沾有與犯罪現場特性相似的土壤；被害人牛仔褲的纖維樣式，又和在巴恩斯卡車上找到的印痕，具有相同的特徵。所有證據中最具有說服力的，也許是在卡車裡找到的兩根毛髮，進行顯微術檢驗後，發現跟巴恩斯的毛髮特徵不符，卻與被害人的毛髮特徵相似。其他的檢驗結果很難說，不過陪審團認為罪證確鑿，巴恩斯因此被判有期徒刑至少25年。巴恩斯是清白專案的第一批案例。專案團隊在這個案例中，找到一大堆證據瑕疵，其中包括毛髮、纖維比對與土壤檢驗，從未經過科學驗證。

巴恩斯總算在2009年洗刷冤屈，距離被判刑幾乎長達20

年。這一年，鑑識科學也上了捍衛科學地位的法庭，由美國國家科學院負責起訴。美國國家科學院在報告〈強化美國鑑識科學〉（Strengthening Forensic Science in the United States）中，措辭強烈地指出，貝氏定理要求為證據建立分量所需的資料，「是鑑識科學完成任務的關鍵要素」，並且以明確精準的聲明強調，這點「至關重要」。

DNA也未必是鐵證

對於巴恩斯、席伯鐸這麼多無辜的人來說，幸好有一項鑑識檢驗，不但具有扎實的科學基礎，而且真陽性率跟偽陽性率都很明確，那就是DNA側寫。自從DNA側寫在1987年首度被採用之後（當時是在英格蘭，為了還某個以偽自白承認犯下雙謀殺案的嫌犯清白），不但抓到無數罪犯，也揭露出，許多人們以為「很科學」的鑑識檢驗，其實都有出差錯的時候。DNA側寫如今已成為清白專案及無數想尋求真相人士的黃金標準。然而，貝氏定理指出，即使是DNA側寫，也可能因為未能了解證據轉化為見解的過程，而減損它做為證據的分量。

DNA側寫之所以聲名大噪，是因為除了同卵雙胞胎，每個人都有獨一無二的遺傳側寫，隱藏在細胞裡著名的雙螺旋分子裡。因此，這項技術有極高的真陽性率：在犯罪現場發現的DNA，幾乎確定會和確實到過現場的人吻合，自然包括罪犯在內。DNA側寫相當於有100％的真陽性率。不過即便如此，貝氏定理也警告我們，不要被極高的真陽性率給誤導，還是要知道某人若沒有到

過犯罪現場，檢驗結果呈現符合的機率，即偽陽性率是多少。貝氏定理接著指出，真陽性率與偽陽性率差距愈大，證據就愈有分量。確實的數字取決於採集到的DNA樣本品質，以及從嫌犯身上取得的樣本，有多少「符合」之處。簡單來說，基於DNA的化學本質，一份樣本產生許多「符合」結果的情況並不罕見，偽陽性率因此會低到幾百萬分之一。我們得以掌握評判證據分量所需的兩個要件，DNA側寫顯然功不可沒。把這些數字代入貝氏定理，顯示這項技巧可以把判定有罪的事前機率，提升好幾百萬倍。

不過在得出任何結論，判定被告是否有罪之前，顯然我們還得知道這些事前機率是多少。若其他證據非常少，事前機率可能會極低。舉例來說，若在進行DNA檢驗之前，我們只知道犯人是來自英格蘭的男性，那麼認為嫌犯有罪的事前相信程度，就只有3,000萬分之1（英格蘭的男性人口數）。因此就算DNA側寫能夠把事情機率提升好幾百萬倍，最後認為嫌犯有罪的相信程度，仍然只有大約10分之1──與「毋庸置疑」差得遠了。

儘管如此，即使有如此明顯的誤解風險，DNA證據仍然經常在沒有援引貝氏定理下提出。貝氏定理不但能清楚說明DNA證據的意義，也能點出如何綜觀其他證據，從而做出最終裁決。陪審團可能必須要試著解讀鑑識科學家的聲明，如「一個與犯罪現場無關的人，DNA側寫結果符合的或然率是300萬分之1」；如果沒有貝氏定理明確指出，這只是關於偽陽性率的聲明，陪審團很有可能誤以為這是嫌犯實為清白的機率，因為300萬分之1的機率似乎意味著，嫌犯無疑有罪。

有鑑於證據在法庭的核心角色，而貝氏定理是解讀證據的工

具，任何處理鑑識證據的人，顯然都應了解貝氏定理的意涵。只要對這些主宰證據力的規則有所知覺，就足以在評估證據時，免於落入險惡的陷阱。然而，令人愕然的是，英國司法機構卻明確拒絕這項中肯的提議。英格蘭訴願法庭在 1997 年裁定，陪審團運用「諸如貝氏定理之類的數學公式」，以此研判證據「並不妥當」，因為此舉「會影響到陪審團綜觀衡量所有證據的工作」；這項裁定在當時就飽受譴責，迄今仍然引發許多爭議。貝氏定理當然會影響陪審團的審視工作，只不過是使他們較能對有瑕疵的證據給予較不可靠的評價，較不會被證據的意涵混淆，也較不會釀成冤獄。

這樣思考不犯錯

若陪審團能不再根據逼供、道聽塗說和偽自白做成判決，自然令人寬慰。然而，許多人眼中所謂「科學化」的鑑識檢驗，其證據力從未建立在妥當的基礎上。除非打好基礎，否則它會不斷製造險惡的冤獄。

23

化腐朽為神奇的統計秘密

就學術期刊而言，《基礎與應用社會心理學》（*Basic and Applied Social Psychology*）並不是重量級刊物。它創始於1980年，有特定的讀者群，發行量還算可以。不過，和《科學》或《自然》等頂尖的研究期刊相比，影響力天差地遠。然而在2015年，《基礎與應用社會心理學》卻在科學圈掀起爭議，因為期刊編輯宣布，不再接受聲稱通過顯著性測試（significance test）的研究成果。

這聽起來像是那種只有學界人士才懂、也只有他們會在乎的議題。但其實我們都應該關心這件事，因為《基礎與應用社會心理學》編輯點出一個會威脅科學研究可靠性的議題。這個議題的主角是一些廣為研究者採用的方法，而研究發現是否值得認真看待，就取決於這些方法。這些方法就像是某種量化的石蕊試紙，

可判定實驗結果是否「在統計上具顯著性」。「統計上具顯著性」至關重要，關乎研究發現是否能發表在期刊上獲得肯定，以及研究者取得研究資金機率的高低。有時候甚至會衍生全新的研究領域，影響公共政策，甚至改變全球運作慣例。

麻煩的是，這種試紙本身有非常嚴重的問題。首先，決定統計顯著性的標準不可靠，僥倖偶然被當成真實效應的情況多得驚人。再者，統計顯著性也有誤導的時候，讓人誤信研究發現「很顯著」，進而認定它「很重要」。不過，最令人擔心的是，許多（說不定是大多數）研究者並不是真的明白，他們的研究何以能夠通過統計顯著性測試，結果造成過去數十年來，無數聲明具有「統計顯著性」的研究結果，大半是毫無意義的謬論。

有顯著性，無一致性？

歷代科學家用以解讀研究證據的方法，居然有根本上的瑕疵，這件事乍聽實在誇張。果真如此，難道幾十年來都沒有人指出來嗎？若錯誤如此嚴重，勢必會有許多證據指出，許多研究發現都在損害科學研究吧？事實上，確實有人指出這個問題，相關證據也真的很多。顯著性測試自從80年前首度用於解讀科學證據，就被當時一些最卓越的統計學家攻擊。[1] 就連劍橋大學的羅納德・費雪教授（Ronald Fisher），這位發明統計顯著性、被視為奠定現代統計學方法的人物，也曾經對統計顯著性可能遭到的誤解，表達過擔憂之意。學術期刊和學會，也經常審度這個議題，只是終究輕輕放過。《基礎與應用社會心理學》禁絕顯著性測試的

聲明，一度登上學界媒體頭條，不過似乎不太可能引發更廣泛的
轉變。

有大量證據顯示，顯著性測試不適於驗證證據，但研究者竟
自滿於研究通過顯著性測試，實在令人費解。這些年來，很多研
究結果看起來就像道聽塗說。許多健康議題的相關研究，若真有
其事，理應可以建立某種程度的共識，但這樣的事似乎從未發生
過。手機和腦癌之間有無關連；空中的電纜是否會造成兒童罹患
白血病；遺傳是否與各種特徵有關；相關證據來來去去，就是沒
有結論。研究結果的矛盾，有時實在明顯得可笑；頂尖期刊沸沸
揚揚的研究發現，往往沒多久就被踢爆。[2]

研究結果為何經常無法達成共識，相關的解釋不少。一如第
10章和第11章所言，有很多因素會損及研究可信度，例如欠缺隨
機性。此外，研究規模可能太小，難以偵測到真正的效應，或是
規模大到極有可能把罕見現象變成令人印象深刻的結果。諸如此
類的原因，只要研究者努力，一定找得到。[3] 這一切都在粉飾一
件事：「顯著性測試」能夠點石成金，讓毫無價值的資料變成科
學大發現。

只要留意就會發現，這樣的證據在過去數十年內俯拾即是。
1995年，頂尖研究期刊《科學》刊登了一篇特別報導，探討了
堪稱是「研究突破成果消失奇案」的現象。[4] 這篇報導的主題是
流行病學，這個領域的研究者經常聲稱，喝咖啡或使用錫鍋等行
為，會導致心臟病或罹患阿茲海默症。這類研究結果很容易登上
頭條。接受這篇《科學》特別報導採訪的統計學家警告說，整個
流行病學的研究領域，都很容易為人們對統計顯著性真正意義的

普遍誤解所害。然而，相較於樣本數不適當、研究群體選擇不當等導致研究結論不可靠的常見因素，這些統計學家對統計顯著性的擔憂，卻被視為學術界的吹毛求疵。然而，舉凡心理學、營養學、經濟學等諸多研究領域，那些理應令人印象深刻的證據，很奇怪地幾乎都已不復見。

10年後，史丹佛大學卓越的醫療統計學家約翰‧伊歐安尼迪斯（John Ioannidis），發表了一篇備受讚譽的論文，標題是「公開發表的研究發現，為何大多數都是假的」。[5] 他在論文中分證許多統計學家數十年來的主張：利用統計顯著性測試下科學結論，是一種「方便但欠缺根據的策略」。他認為所有的研究發現中，超過50％有誤。我們大可批評他的估計未經證實，很可能只是信口開河；然而，學者藉由重複發表的研究結果，評估問題的嚴重性，發現約有五分之一的研究聲明屬偽陽性反應，在某些學門的比例甚至更高。[6]以科學研究所耗費的時間、精力和金錢（目前全球每年耗資1.5兆美元[7]）的龐大程度，這些數字只要有一點真實性，都足以顯示學術界的醜聞多得令人震驚。

貝牧師摃上費雪教授

所以這些由奠定現代統計學基礎的大師所提出、宣揚的技巧，到底出了什麼問題？世界各地的研究者，為什麼迄今仍然承接、仰賴它們？為何研究者不願放棄它們，他們又當何去何從？讀到這裡，你應該不難猜到，答案就在已有250年歷史、貝葉斯用以解讀證據的方法，當然還有貝氏方法的意涵此後為科學家帶

來的各種議題。

評估科學證據的常見方式，最根本的瑕疵在於一個簡單的事實：一如貝葉斯所指出，「在B的情況下，A發生的或然率」，不必然等同於「在A的情況下，B發生的或然率」。當然，「反之亦然」確實有可能——若A事件與B事件為獨立事件時。例如，擲一枚公平的銅板，下列假設顯然是成立的：

Pr（在第一次擲出反面的情況下，第二次擲出正面）= 1/2
Pr（在第一次擲出正面的情況下，第二次擲出反面）= 1/2

這是因為兩個事件是獨立的，因此發生的次序無關緊要。然而，一般來說，就算是很簡單的事件，這種「反之亦然」的關係也無法適用。例如玩撲克牌，我們知道，以下事件的或然率非常高：

Pr（第一張牌抽到王牌的情況下，抽第二張牌比王牌小）

但我們不能因此斷言反之亦然，即宣稱以下事件的機率也很高，並在第一張抽到的牌比王牌小的情況下，下重本賭第二張牌會抽到王牌：

Pr（在第一張牌抽到比王牌小的情況下，第二張牌抽到王牌）

「第一張牌抽到X」與「第二張牌抽到Y」，這兩個事件顯然

會彼此影響,並非獨立事件,因此次序就有影響。透過貝氏定理,不管任何情況,「條件」或然率的反轉都能適用;更重要的是,貝氏定理還告訴我們,要這麼做,就必須知道這兩個事件的無條件或然率。目前為止,事情都很單純,所以問題到底出在哪裡?問題出在用或然率做為量測相信程度的標準:這時的「反之亦然」,有可能導致愚蠢且極誤導的推論。你經常頭痛,覺得很擔心,於是上網查詢,發現一個令人憂心的事實:頭痛症狀經常與罹患腦瘤有關,而且:

Pr(有腦瘤時,一直頭痛)
或然率約為50％到60％ [8]

這時,你可能會輕易認為「反之亦然」,即:

Pr(一直犯頭痛的情況下,結果是罹患腦瘤)
或然率也約為50％到60％

幸好,你讀過這本書,知道只有運用貝氏定理,才能夠安心推論「反之亦然」,而條件是把事前或然率納入考量。事實上,運用完整的貝氏定理,我們會知道:

頭痛時,罹患腦瘤的機率 ＝ LR x 罹患腦瘤的機率

$$LR = \frac{Pr(罹患腦瘤,一直犯頭痛)}{Pr(沒有罹患腦瘤,一直犯頭痛)}$$

現在我們不必杞人憂天，原因有二。首先，也是最重要的，腦瘤很罕見，每年幾千人才有一個確診，因此患腦瘤的事前或然率非常低。不過，若如此低的事前機率，被非常高的LR拉高的話，那我們就有理由要擔心。我們已有一半計算LR所需的資訊：若罹患腦瘤，有50％到60％的機率會頭痛。幸好這只是LR公式的分子；我們還得知道若沒有罹患腦瘤，犯頭痛的或然率是多少。由於頭痛是非常普遍的現象，或然率相當高，因此LR不會太高。總結來說，低事前機率加上普普的LR，因此頭痛是因為罹患腦瘤的機率很低。

顯然，我們可以在此學到，無論什麼時候，我們若是把以下兩者等同視之或混為一談，可能會犯下天大的錯誤：

Pr（證據出現的情況下，理論為真）

Pr（理論為真的情況下，觀察到證據）

然而，令人難以置信的是，研究者以統計顯著性判斷研究發現時，落入的正是這個陷阱。事實上，事情還要更糟：犯下這種錯誤，會對科學界造成毀滅性的後果。要看清這點，只需算出沒幾位研究者會去算的「p值」，就能掌握到問題的核心。幸好它不困難，不過它對於科學界的意涵，一點也不令人開心。

1925年，費雪在極有影響力的著作《研究者的統計方法》（*Statistical Methods for Research Workers*）提出p值，這個簡潔有力的方法，可用以測估科學研究結果純屬隨機巧合的風險有多少。顯然，沒有任何科學家希望拿僥倖得到的結果大作文章，

而費雪提出的p值就能避免這種事。他把p值定義為：假設研究結果確實純屬僥倖，那麼研究發現要達到與現在所獲得結果，最起碼一樣令人印象深刻的機率（詳見專欄）。

費雪得出以下規則，將p值跟統計顯著性串連在一起：倘若對某項研究發現計算出來的p值低於5％，那就可視為具有「統計顯著性」。這一切聽起來還好，只是有點讓人摸不著頭緒而已。然而漫不經心照章全收的人，就可能會落入一個巨大的陷阱。費雪說的是假設研究結果確實是出於僥倖，倘若獲得最起碼一樣令人印象深刻的結果，其機率低於5％，那麼這個結果就具有統計顯著性。然而為何這件事值得你我關心，5％這個數字又是從何而來？我們實在應該找個比較沒這麼拐彎抹角的東西，也就是研究結果真的純屬僥倖的機率是多少。也就是說：

費雪教授的p值法

1. 利用以下公式，計算出研究結果的p值：

   Pr（假設研究結果出於僥倖，

   　　得到的結果最起碼與所見的結果一樣令人印象深刻）

2. 若或然率低於5％，就可以說結果具有「統計顯著性」。

3. 把論文裡的研究結果加上p值，然後宣稱這支持你提出的理論。

我們要計算出：

Pr（在得到研究結果的情況下，這結果實則出於僥倖）；

然後看看這個或然率是否低於5％

或者，別管什麼出於僥倖的事，換個做法：

只要計算出：

Pr（在得到研究結果的情況下，

　　這結果確實反映出某種實際效應）；

然後看看這個或然率是否超過95％

以上不就清楚多了？既符合直覺，要定義一個結果具有「顯著性」也比較切題？確實是如此，不過你也要注意到這跟費雪提出的p值定義，有多麼南轅北轍。這樣的說法把重點放在實際獲得的結果上，而不是彆扭的「最起碼一樣令人印象深刻的結果」；這樣的說法也著重在研究結果是否反映出某種實際效應，而不是另一個可能的解釋，也就是出於僥倖的可能性。不過最令人擔心的是，費雪的p值定義必須要反轉過來，才能比較接近科學家理應真正感到興趣的事實；也就是說，費雪的p值是基於，研究結果出於僥倖的假設，是造成研究結果的唯一解釋，從而計算出來的。因此顯然我們不能把p值反轉過來，就這麼聲稱同樣的數字，如今代表的是假設不正確的機率。這是典型的反轉錯誤，與因為罹患腦瘤的人有很高的機率頭痛，就認為頭痛的人有一樣高

的機率罹患腦瘤，一樣不可靠。

然而這正是費雪多年前首度提出用以檢驗「顯著性」的p值測試以來，無數研究者犯的錯誤。錯誤的後果充斥於研究期刊：許多研究結果實在奇怪，若不是通過「顯著性」的測試標準，根本不會有人認真看待。

費雪為何會想出這麼奇怪的定義？簡而言之，他決心避免貝葉斯所說的無可避免之事：在解釋科學資料時，引用事前知識與相信程度的概念。費雪教授是卓越的數學家，十分了解隨意反轉條件或然率的危險；他當然也深知貝氏定理所衍生的事前難題，以及貝葉斯、拉普拉斯等人如何嘗試解決這個問題。他一點也不想沾惹這些——最起碼不想沾惹以主觀想法評估證據。費雪對此由衷厭惡，但經常用看似客觀的技術面原因，拒絕採用貝氏方法，試圖掩飾自己的憎惡。[9] 為了達到目的，費雪只能編出某種非貝氏的量測方法，讓研究者解讀研究發現。p值就是這樣產生的，它拐彎抹角的定義顯示，它是為了避免無可避免之事所做的徒勞之舉。僅僅利用p值，根本不可能估測研究結果出於僥倖的或然率是多少。費雪把「顯著性」這個詞，冠在p值很低的研究結果上，疑似是在語意上動手腳，以便避開數學事實；這樣做絕對會讓p值有被誤解的危險，而誤解也確實發生了。起初就連費雪自己，都落入了把p值反轉過來的陷阱，說低p值意味著研究結果出於僥倖的機率很低。不過平心而論，在他的教科書出版了幾年後，費雪對於把他的顯著性概念過度解讀的危險，倒是曾提出警告：

顯著性測試只能讓他（實際上的研究者）知道要忽略哪些結果，也就是所有未獲得顯著結果的實驗……因此那些不知如何複製的獨立顯著結果，有待進一步研究。[10]

換句話說，費雪試著偷樑換柱，把p值扮演的角色，變成僅僅用來淘汰掉不值一顧的垃圾結果。不過即使是這樣說也不牢靠，反正似乎也沒幾個科學家有興趣知道差別在哪。到了1950年代初期，有位卓越的統計學家說，費雪的教科書為科學研究帶來「全然的革命」，藉此表達他擔心科學家會把「顯著性」當成一勞永逸的終極研究工作。[11]

這位統計學家的擔憂其來有自。儘管歷經多次嘗試，研究者對於糾正他們對統計顯著性的想法，實際上仍然極為抗拒。其中也有人試著強行推動。擔任聲望卓著的《美國公共衛生期刊》（*American Journal of Public Health*）編輯、麻州大學的肯尼斯・羅斯曼教授（Kenneth Rothman），就曾在1986年告知研究者，他不會接受單靠p值成立的研究結果。此舉效果驚人：僅靠p值立論的論文數目，從超過60％暴跌至5％。然而，羅斯曼兩年後離開編輯一職，他對於p值的禁令被撤銷，研究者又故態復萌。除了流行病學[12]與經濟學[13]，其他領域也發生過類似事件。

時至今日，儘管偶有《基礎與應用社會心理學》的努力，卻有如狗吠火車。學術界極不願處理這個「阻礙科學知識成長」的議題[14]；雖然有少數機構曾研究過這個議題，卻沒有人願意採取重大行動。[15] 頂尖研究期刊繼續發表具「統計顯著性」的聳動研究結果，好似讀者可以輕信其結論，不必嘗試複製研究結果。從事

科學工作的新進人員，繼續被灌輸顯著性測試 —— 通常是透過定義有瑕疵、完全沒有警告其真正意義為何的教科書。根據研究指出，許多認為自己懂p值的學生，其實根本一無所知。[16]

　　研究者因循苟且，結果就是數十年來浪費無數時間、金錢和心力，同時讓世人對於科學論述愈來愈沒有信心。

｜這樣思考不犯錯｜

　　科學家為了要知道某項實驗發現是否值得認真看待，經常會應用所謂的顯著性測試 —— 儘管不斷有人警告，這些方法有根本上的瑕疵，極有可能誤導。結果就是產生無數不可靠的「研究突破」，無論是研究者還是社會大眾，對於科學聲明可靠度的憂慮，也隨之與日俱增。

24

別讓數字唬了你

一般公認，物理學是最困難的科學學門——這可不只是因為物理學很需要高智商。物理學理論向來以扎實著稱，對於宇宙結構有深入的見解。這份聲譽是否實至名歸，有待商榷，但物理學家把「大數據」運用得淋漓盡致，倒是毋庸置疑。心理學之類「軟性科學」，經常只能分析幾十個大專生的問卷，物理學家卻使用動輒成億上兆的資料點，測試宇宙理論。

天底下大概沒有比實驗粒子物理學家，更擅長此道。他們的目標是要揭露構成宇宙的基本元素和力量之謎，他們可以運用的武器，是像全長27公里、位於瑞士日內瓦的歐洲核子研究組織（CERN）大型強子對撞機（LHC）這種巨型機器。這些機器的運作原理，是每秒讓數千億個次原子粒子彼此碰撞，一連撞上好

幾個小時，然後在殘骸中尋找蛛絲馬跡。他們之所以需要這麼多資料，是因為他們想要尋找的，經常是極為罕見的事物。幾十年下來，他們已經成為在大量隨機渣滓中淘出科學黃金的大師，功力還得到諾貝爾獎的認證。

2011年12月，歐洲核子研究組織的團隊發現尋覓已久的希格斯粒子（Higgs），因而登上頭條新聞。希格斯粒子是結合自然界所有的力量與粒子的關鍵要素。根據計算，希格斯粒子可能需要10億次的碰撞，才有機會閃現，而在這10億次的碰撞中，還有無數次偽裝成希格斯粒子的隨機事件。即使如此，在研究團隊檢查過100兆次的碰撞結果後，終於宣布他們找到了理論學家50年前預測存在的希格斯粒子。

因為有被隨機性、不當的傳統方法玩弄於股掌的苦澀經驗，發現希格斯粒子的成果得來不易。歐洲核子研究組織的團隊，若是遵循其他領域研究者的傳統，在2011年宣稱他們藉由顯著性測試方法，發現了希格斯粒子，那只會招致質疑眼光——因為如果顯著性測試可以算數，人類早在1980年代中期就已經「發現」希格斯粒子了。幸好，粒子物理的研究者，與其他科學領域迥然不同，他們始終堅持採用遠較為嚴格的證據標準，通過驗證才能公布研究發現。

1984年有個歐洲核子研究組織的研究室，宣布他們發現了另一個構成宇宙的關鍵成分，事後卻證明是出於隨機僥倖；現在這支研究團隊裡，沒有人想要重蹈當年的教訓。當年的研究團隊分析加速器資料，認為有一種質量大約是質子的40倍，叫做頂夸克（top quark）的粒子存在[1]；由於證據輕易通過其他科學領域都

採用的標準，即研究結果「在統計上具有顯著性」，該團隊對於研究發現信心滿滿，認為不太可能是出於隨機雜訊。然而隨著更多證據出現，恰恰證明事情正是如此；歐洲核子研究組織以及另一間競爭對手實驗室，在當年所發表的其他研究結果，也落得同樣的下場。[2] 這次的大挫敗凸顯長久以來，人們懷疑粒子物理學家用統計顯著性衡量證據分量，可靠性究竟有多少的事實。經過 10 年，另一支與之競爭的美國團隊，再一次宣稱他們發現了頂夸克存在的證據，不過這次是基於標準高很多的證據。這項聲明後來經過多次驗證，確認真正的頂夸克質量，是 1984 年歐洲核子研究組織「發現」的頂夸克的四倍。

虛張聲勢的顯著性測試

雖然粒子物理學家最著名的，就是擅長使用大型強子對撞機這類巨型機器，不過他們之所以能夠成功，主要原因在於他們對於「顯著性測試」這台「驚奇唬人機器」，始終保持質疑。這數十年來，粒子物理學家看過太多論述通過費雪在 1920 年代中期奠定下來的測試 —— 只要 p 值低於 5％，就可視為「具有顯著性」；然而，這些論述後來站不住腳、從此消失無蹤的情況，多到令人氣餒。如同前一章所述，研究者經常誤認為只要研究結果通過 p 值測試，就等於僥倖的機率同樣低於 5％。在這樣的假設下，「驚奇唬人機器」把毫無意義的僥倖結果，轉變成為「研究發現」；只有在有人試著證實其真偽時，它們的真面目才會浮現。

粒子物理學家試著用更高門檻的顯著程度，看能否抑制這

台驚奇唬人機器製造離譜的結果。他們通常會使用所謂的標準差單位（sigma），這與p值解釋的是同一回事，不過更為簡潔，也更符合直覺。[3] 費雪用p值＝5％做為聲稱研究結果「具有顯著性」的標準，現在變成「有2個標準差」的結果；標準差的值愈高，就表示顯著程度愈高。不過經過這些年，物理學家卻發現，即使是有3個或4個標準差的研究發現（相當於p值低於0.3％和0.006％，顯著程度高很多），在更多資料出現後，也經常站不住腳。到了1990年代中期，5個標準差已成為主流物理期刊接受新發現的最低顯著程度標準。

相較於傳統科學界採用的標準，這個標準出奇地高。比起費雪訂下的5％的p值，新標準的顯著程度幾乎高出8萬倍。然而粒子物理學家擔心的是，若不要求到這種程度，「驚奇唬人機器」不知會吐出什麼結果。在科學社群中，有條經驗法則能夠說明這個疑慮：「3個標準差的研究結果，有一半都是錯的。」[4] 這個觀察很有意思，點出了「驚奇唬人機器」的可信度問題。若顯著性測試的意義，真如同那麼多研究者所想的那樣，那麼根據標準差值理論，3個標準差的結果相當於，平均每370個案例中，才會出現一次出於無意義僥倖的情況。然而，根據經驗法則，出於僥倖的真正機率，卻是每兩次就會有一次。

當然，隨機僥倖並不是實驗結果證明不可靠的唯一原因，光是出些簡單的錯誤，就足以損及研究論述的可靠性。2011年有研究報告指出，有種叫做微中子的粒子，跑得比光還快。這些資料具有超過5個標準差的程度，因此似乎不太可能是出於僥倖——結果真的不是，因為出問題的是測量儀器本身。儘管如

此，研究者對「驚奇唬人機器」的解讀，與實際結果之間，竟然
如此天差地遠，顯示研究者對於「驚奇唬人機器」的真正意涵，
有極為嚴重的誤解。就如同上一章所見，他們錯在期待「驚奇唬
人機器」能夠製造奇蹟，也就是拿一些原始資料，計算像是

Pr（假設發現希格斯粒子是出於僥倖，
　　卻觀察到最起碼這麼多的相關證據）

這樣的或然率，然後反過來說這個數字，就等於下面這個關
鍵問題的答案：

Pr（在得到這麼多證據的情況下，其實純屬僥倖）

貝氏定理告訴我們，除非我們還有其他資訊，尤其需要知道
相關事件的事前或然率，否則這種「反之亦然」極為危險。有了
這些資料之後，就可以得到「驚奇唬人機器」看似能夠、但其實
無法提供的關鍵答案。不過貝氏定理還可以告訴我們，倘若我們
對「驚奇唬人機器」深信不疑，究竟會犯下多大的錯誤。

就以最常見的p值錯誤為例：把具有「統計顯著性」的2個標
準差結果（相當於費雪p值的5%標準）反轉過來，假設這表示研
究結果出於僥倖的機率，也僅僅不過5%而已。貝氏定理告訴我
們，只有在對研究結果出於僥倖的風險，具有一些事前見解的情
況下，才能夠這樣做。貝氏定理也證實了一項一般常識：證據愈
是沒有說服力，我們事前認為研究結果並非出於僥倖的信心，就

必須要相對更強，才能夠接受證據支持假設。但是只要真的動手算一下數學過程，就會揭露一項驚人的事實 [5]：只有在我們已經有90％確定，研究結果實在不太可能出於僥倖的情況下，我們才可以把經典的「p值不到5％」的結果，解釋成出於僥倖的風險不到5％。換句話說，一開始證明「具有顯著性」的證據，實在是太過薄弱，對於我們既有的相信程度，完全沒有增添任何分量。

事實上，對於用傳統的5％（p值），做為斷定具有統計顯著性的標準，並不是只有物理學家抱持懷疑。許多領域的研究者經過慘痛教訓，都了解到費雪判定顯著性的標準，實在不夠理想。這使得他們許多人採用跟物理學家一樣的對策，也就是要求證據必須要更突出（p值低於0.1％，或是說最起碼要3個標準差），才能夠把新研究結果當一回事。貝氏定理證實這確實有幫助，不過改善有限。儘管這對證據分量的要求程度，比費雪的標準高出了50倍，不過仍然要求我們已經認為，研究結果出於僥倖的風險，不會高於30％，證據才值得我們認真看待；而「認真看待」的定義，就如同p值表面上的意涵一樣，是指新證據出於僥倖的風險低於5％。可是事實上在大多數學門中，研究者很少能夠得到具有如此分量的證據。

「貝氏推論引擎」出動

好消息是除了踢爆「驚奇唬人機器」以外，貝氏定理還有更多用途：它可提供一些經驗法則，讓我們解讀「驚奇唬人機器」的結果。平心而論，費雪的「驚奇唬人機器」，最起碼有試著回答

提問者的問題——說得明確一點，這就是為什麼這台機器大名鼎鼎的設計師，明訂下來的5％斷定標準，如此大受研究者歡迎。那麼且讓我們就用這個5％的標準，建構一個貝氏定理版本的「驚奇唬人機器」，讓這台機器名實相符——也就是根據證據，意味著研究結果只有5％的風險是出於僥倖。當然，這台貝氏定理版本的機器也需要輸入資料，但同時還需要輸入我們的事前相信程度，而費雪的「驚奇唬人機器」卻沒有這個關鍵要素。

我們姑且把這台機器稱為「貝氏推論引擎」吧，這台引擎和費雪的機器一樣，其實是一條公式。[6]這條公式會產生以下的經驗法則：它對每個案例都會給個概略指示，指出研究結果倘若不是出於僥倖，值得我們認真看待的話，所需的最低事前相信程度大概要多少。「認真看待」在這裡的意思，是指證據達到歷久彌新，出於僥倖風險不超過5％的標準。下頁的表格也列出了各學科領域中，要達到什麼樣的證據程度，才能聲稱研究結果最起碼具有暗示力，更別說具有「顯著性」或說服力了。

「貝氏推論引擎」所產生的結果，最令人驚訝的一點，是它點出大多數理應「很顯著」的證據，竟然是如此薄弱。就如同表格所示，這類證據通常都要求我們已經很有信心，認為研究發現並非出於僥倖，才能夠理直氣壯地把證據當真。這意味著只有在相信研究結果出於僥倖的機率，僅僅只有5％的情況下，這些證據才值得認真看待。倘若我們把標準拉高，比方說要求只能有1％的機率是出於僥倖，那麼所需的證據分量就會大幅攀升。

表格中最能說明這個現象的一點，是你需要相當嚴苛、根本一點也不常見的 p 值0.3％，才能讓不會先入為主的懷疑者，能夠

證據程度 （p值）	這種證據程度通常出現的領域	你的信心必須已經到什麼程度，這樣的證據才算有力
10%	經濟學、社會學、「有爭議性的」健康／環境／風險議題	95%，只有對原本已經很有信心的人，這樣的證據才算有力
5%	幾乎無所不在，特別是行為、社會跟醫療科學	90%，只有在你認為結果出於僥倖的可能性非常低時，這樣的證據才算有力
1%	醫療科學、遺傳學、環境科學	75%，只有在你相當確定結果不可能出於僥倖，這樣的證據才算有力
0.3%	「硬」科學的實驗室研究；粒子物理學的初步聲明（3個標準差）	50%，能夠讓不先入為主的人印象深刻
0.1%	遺傳學、流行病學研究	30%，除了中高程度的懷疑論者以外，大家都會覺得印象深刻
0.00006%	高能暨粒子物理的研究發現（5個標準差）	0.1%，除了你的競爭對手以外，很可能所有人都買帳

被證據說服，相信可以排除掉出於僥倖的可能性。任何對假設抱持著更為懷疑態度的人，還需要比這更令人印象深刻的證據，才能讓他們有足夠的信心，認為結果不可能是出於僥倖。

你永遠也不該忘記，出於僥倖並不是研究發現產生誤導性的唯一原因。具有極低p值的研究聲明（因此也有極高標準差值跟顯著程度），向來就是ESP可能存在的強烈證據——這個ESP不是指超感知覺（Extra-Sensory Perceptions，雖然很諷刺的是，超感知覺確實經常在這個脈絡中出現），而是指「某個地方出了差錯」（Error Some Place）。科學是一種人為的努力，因此也總是會反映出人類的弱點。「貝氏推論引擎」沒辦法把這些弱點一舉剷除，但至少能讓我們不至於犯蠢，跟著研究者聲稱研究結果「很顯著」——因為無論就哪種定義來說，這些研究結果和「顯著」一點也沾不上邊。

｜這樣思考不犯錯｜

許多登上頭條的「科學突破」，都是基於具有「統計顯著性」的研究發現。貝氏定理為我們理出幾條解讀這些聲明的簡單經驗法則：結果證明，有太多的研究結果，根據的是過於薄弱的證據，只能說服那些本來就「死心塌地」相信的人。

25

證據終究會說話

　　你若想正確解讀新研究發現,「貝氏推論引擎」有問必答;比起「驚奇唬人機器」和p值,這直截了當得多。那麼,這個被某位卓越的研究者一語道破,形容為「經過制度化讓理科學生強記的所有方法裡,最愚蠢而容易誤導」的做法[1],為什麼還有人在用呢?只要稍微翻一下教科書,查一下貝氏定理的相關內容,其中一個原因立刻不言而喻:大多數講解貝氏定理的教科書章節,都充斥著繁重的數學計算,看起來和處理「我的研究發現到底是不是出於僥倖?」這種小問題,似乎毫不相干。貝氏定理儘管有問必答,但要得到這些答案,卻涉及到極為複雜、只有電腦才能進行的計算。[2]這麼多年來,這一直是揚棄「驚奇唬人機器」的重大障礙;不過,這個問題如今已經克服,有標準軟體可以代勞。

不過，即使是現在，還是有很多人雖然想要應用貝氏定理，卻為了存在幾百年的「事前難題」而裹足不前。即使我們已經看到一些資料，究竟要如何形成起初的相信程度，才能夠避免主觀滲入科學工作？這是人們論及此事時，通常都會談到的一點，不過這個「難題」到底有多大？把已知事情納入考量，實際上不反而是一種優勢嗎？事實上這幾十年來，在研究過這麼多領域之後，我們對於許多事情，其實已經有不少相當不錯的見解，貝氏定理正可資利用，根據脈絡擬出新結果。

奇蹟療法往往不怎麼神奇

問題是，所有這些過往的見解，有時會讓所謂「重大突破」或「奇蹟療法」的重要新聞失色，而沒有人喜歡掃興。葛蘭素史克藥廠（GSK）資深執行董事艾倫・羅席斯（Allen Roses），對此有切身之痛：他在2003年12月承認，儘管斥資數十億元研發新療法，但絕大多數的藥物卻對大多數人不管用，這句話立刻上了新聞。[3] 報導記者指出，對於尋找新療法的人來說，這根本就稱不上新聞。他們對此始終心知肚明：儘管人們覺得現代醫學無所不能，然而「奇蹟療法」卻有如鳳毛麟角。遇到有人聲稱找到奇蹟療法，務必懷疑以對。

儘管如此，政府監管機關在決定是否核准某種新療法時，仍然十分信任顯著性測試，然而這沒有明確地將過往經驗納入考量。相較之下，「貝氏推論引擎」卻同時接受研究資料及過往研究見解，才給答案。倘若研究論述在過往經驗下站不住腳，就可

能是空歡喜一場的警訊。1992年9月，蘇格蘭的醫學研究人員因為研究一種叫做阿尼普酶（anistreplase）的藥物，而登上頭條。這是一種「抗凝血」藥物，心臟病患若是在抵達醫院後，立即施打這個藥物，就能有效改善病人的存活率。救人是分秒必爭，若這項藥物能在病患抵達醫院前，由醫師提前施打，就能拯救更多生命。這樣想似乎無可厚非，有關單位於是進行「格蘭坪區早期施打阿尼普酶試驗」（The Grampian Region Early Anistreplase Trial, GREAT）計畫，研究結果相當顯著：心臟病患在抵達醫院前，就提前施打該藥物，比起到院後才施打藥物的病患，死亡率足足少一半。既然心臟病是常見病症，這似乎算是一大突破。然而，專家的反應卻不然。他們指出，提早施打藥物的好處雖然完全說得通，然而若參考過往經驗，這麼大的改善幅度是站不住腳的。但是，若根據評估證據的一般標準，這項計畫的研究發現卻能過關：研究不但出於備受尊崇的研究者之手，在統計上也具有顯著性，p值為4％，剛好落黃金標準5％之內。

接下來數年間，其他團隊嘗試複製這項研究突破。到了2000年，有一項回顧研究檢驗了所有曾經發表過且超過6,000名病患的相關證據（樣本規模是GREAT試驗的20倍）。好消息是，提早施打藥物確實似乎有好處；但是讓好消息打折扣的是，整體來說，這項做法似乎僅減低17％的死亡風險。這項做法或許仍然值得採用，不過與原始研究相比，效果確實是大打折扣。簡單來說，GREAT試驗似乎又是個禁不住考驗的研究突破案例。研究者對此向來不乏可能的解釋，原始研究規模相對較小，自然不在話下。不過其中有一種解釋格外顯眼，因為這種解釋不但預測到原始研

究發現禁不住考驗,連它禁不住考驗的程度也能預估。

回歸貝氏定理

在這項研究發表後不久,兩位英國統計學家,史都華‧波科克(Stuart Pocock)和大衛‧史匹澤霍特(David Spiegelhalter),投書到《英國醫學期刊》(*British Mediacl Journal*),主張必須把減半的死亡率納入研究脈絡。[4]不過他們並沒有談泛泛通論,而是運用貝氏定理,算出許多量化的細節。

簡單說,他們認為新研究不應視為個別的單獨結果,其可靠度也不該只用顯著性測試判定。他們指出,新研究構成的新證據分量,可以與對於抗凝血藥物,以及藥物對於死亡率可能影響的事前見解結合,綜而觀之。波科克和史匹澤霍特利用所謂的「置信事前區間」(credible prior interval),掌握到對於研究主題的事前所知;置信事前區間是一個範圍值,在目前既有知識的指引下,真正的死亡風險很可能就落在這個區間(詳見專欄)。

他們把原始研究結果和新研究發現綜而觀之,發現這項抗凝血藥物拯救性命的真正效果,大約是25%——仍然值得採用,只不過遠低於原始研究所指稱的效果。兩位作者的計算一直無法發表,但在七年之後,檢驗所有相關證據的的回顧研究指出,提前施打藥物的死亡風險僅減低了17%;至此,兩位作者用貝氏定理所做的預測,因而得到證實。[6]波科克和史匹澤霍特做了一次令人印象深刻的示範,說明在解讀新發現時,將過往經驗與可信度納入考量有多重要;更關鍵的是,他們在回顧研究結果出爐前好幾

貝氏定理的鏡片下，「神效」不過爾爾

研究者在摘要研究發現時，經常會使用所謂的信賴區間（confidence intervals, CIs）。信賴區間是用一個「標題數據」，加上一個正負範圍，以反映機率的效應。

在GREAT的抗凝血藥試驗中，研究團隊如此總結研究發現：接受新療法的人，相較於未接受新療法的人，相對死亡風險為具有95％信賴區間的0.47（0.23到0.97）。沒有相對效益的值為1.0，因此這項療法似乎會使死亡風險減低53％（= 100％ - 47％），而療法的效益有95％的機率，多則77％，少則3％。95％的標準是根據5％的p值類推採用。然而就和p值一樣，要正確解讀95％信賴區間的意義，不但有技術性，實則也不是我們想得知的答案。我們需要用貝氏定理，才能讓問題更清楚切題。簡單說就是，若我們事前對真實數值毫無概念，而影響研究發現的只有機率這個因素（這兩點都非常可議），那麼標準信賴區間能給你95％的「信心」，保證真實數值會落在這個區間內。[5]

儘管95％信賴區間還是有點誤導，不過絕對比p值好多了，因為這裡確實含有更多資訊。倘若這範圍排除了對應於沒有效果的值（就GREAT試驗的個案來說，這個值等於1.0），那麼研究結果就具有「統計顯著性」。如同我們先前所見，這樣說意義不大；然而比這重要得多的是信賴

> 區間的寬度，也就是上限與下限的差值。小型樣本更容易受到隨機效應影響，這點會反映在寬鬆的信賴區間。用貝氏語法來說，意味著證據分量很低，而GREAT試驗正是這樣的案例。波科克和史匹澤霍特運用貝氏定理，將這項研究很薄弱的證據分量，與另外兩項規模大很多的研究結果綜而觀之，指出新療法的效果並沒有那麼大，標題數據的53％（降低的死亡風險），一下子縮水成25％。多年之後才證實這是較符合實際的數字。

年，就已經發表論述，指出原始研究結果可能會令人大失所望，因此免於事後諸葛之嫌。

　　然而他們同時也點出，運用貝氏定理處理生死攸關的重大議題時，一些要注意的關鍵問題。他們的計算是否證明了，貝氏定理確實讓每個人都能夠算出他們想要的結論？舉例來說，若他們是原始研究的競爭對手，一心一意只想要毀掉這項抗凝血藥物研究，我們要怎樣才能防止他們對事前證據精挑細選，再用貝氏定理不斷嘗試，直到算出讓試驗研究看來可笑的結果？又假設他們一心想要療法成功，或者收受了抗凝血藥物廠商的好處，他們是否也可以輕易反向操作，做出有利於原始研究的結論？

　　若不是研究者總是根據個人見解或偏見（有時是因為貪財），選擇對新發現嗤之以鼻或樂於接納，這種批評會更有殺傷力。登上頭條的新研究發現，經常是研究機構午餐時刻的話題；研究者

恣意說出「我還是不買帳」，或是「你必須承認這多少有點道理」等評論。顯著性測試完全無法根絕如此明目張膽的主觀態度，因為每個研究者的經驗都告訴他，無論p值低到什麼程度，只要研究結果「感覺不對勁」，持疑就往往有其道理。

不過顯著性測試倒是讓我們沒有機會，用透明的量化基礎，陳述懷疑程度。相反地，無論是抱持質疑還是真心相信，任何人都可以用這個模糊籠統的合理化做法矇混。人不是只在茶餘飯後大言不慚，著名期刊的「討論」區，有多少主觀意見，以專家見解之姿厚顏登堂入室。波科克和史匹澤霍特給《英國醫學期刊》的投書，目的在於表達事情不必非得如此：貝氏定理可以將新研究結果，納入扎實的數學基礎脈絡下處理。當然，若要刻意揀選事前證據，絕對無法完全防範，然而這裡有個關鍵性的差異：無論是抱持質疑還是真心相信，貝氏定理都要求他們必須具體聲明，他們在評估證據時，採用什麼樣的事前證據。

用可能有誤的事前證據，推翻先前的研究發現，這種想法似乎冒了很大的風險；不過「貝氏推論引擎」卻扭轉這個不利因素，其背後的運作機制確保隨著資料逐漸累積，事前見解就會愈來愈無關緊要。除非事前見解本身極度怪異，不然無論是抱持質疑還是真心相信，任何人都會得到相同的結論——這是茶餘飯後爭論得再久都達不到的成果。

︱這樣思考不犯錯︱

評估新發現的可靠度，要把新發現放在已知的脈絡下考量。

然而這樣做的結果,較之「那聽起來很合理」這種評論,經常沒有科學多少。貝氏定理提供一貫又透明的量化方法,可用來測估新發現的可靠度。

26

抱歉，教授，我實在不相信

　　科學方法達成許多驚人成就。地球軌道的天文觀測站指出，宇宙在大約140億年前的一場大霹靂中形成。臨床試驗產生許多對抗致死疾病的有效療法。掃描觀看色情影片的男人大腦，顯示這樣會使大腦萎縮。[1]

　　媒體幾乎每週都會報導，真正的科學家在正規期刊所發表但多少有點奇怪的研究結論。這些報導實在太過普遍，又看似可靠，英國健保署因而在2007年設立了一個名叫「頭條背後」（Behind the Headlines）的網站，讓專家分析這些研究結論，並放在脈絡中去檢驗。這個網站不假設所有記者都是不可靠的新聞販售者，也不預設所有研究者都是兢兢業業追求真理的人；網站堅持，只解釋研究結論的內容以及合理性。結果證實，有太多

研究發現一點也不合理。從吃蛋具有奇蹟般或害死人的效果，到能夠判斷同性戀的「同志雷達」[2]，許多研究之所以能夠上頭條，只是因為它們處理的是未曾有人處理的問題；而所有這些研究的結論，無一例外，都來自把原始資料送進「驚奇唬人機器」的標準儀式。

對此，貝氏定理能幫上什麼忙？畢竟，「貝氏推論引擎」若要管用，不但需要原始資料，也要有事前見解；若不曾有人做過任何類似的事，事前見解從何而來？這種出人意表的研究，規模經常都很小，只會讓事情雪上加霜。因此，貝氏定理無法增添多少證據分量，就算有那麼一點，也可能會因為選擇到很差的事前見解，導致前功盡棄。

我們又碰上了有幾百年歷史的「事前難題」，這次看來特別嚴重。一個辦法是直接放棄，回頭改用「驚奇唬人機器」，餵它一些所謂「訊息貧乏」或「模糊不清」的事前見解。這等於假設所有結果的可能性都一樣大，即使是看起來很愚蠢的結果也一樣。或者，我們也可以接受現實，既然沒有明顯相關的事前證據可利用，就轉而從一些較大而化之、較不精確的情報來源尋找見解，或者徵詢所謂的「專家」意見。這涉及一種叫做事前誘出（prior elicitation）的過程，用最簡單的話來說，就是讓專家猜估，他們認為真正的結果可能落在哪個可靠範圍。舉例來說，專家會應要求說出一個估計可靠度最高、「最有可能」的效應大小，然後就可以把專家意見結合起來，形成一個總體的「專家事前分配」，再把這個分配輸入「貝氏推論引擎」，藉此找出考量脈絡之下的研究結果。不過這個做法顯然有危險性，專家可能、也確實會產生非常

不準確的猜估值 [3]，這會嚴重影響到小型研究的解讀結果。不管如何，若我們不認同專家所言，或是之後證明他們出錯，那要如何是好？我們要怎樣才能不讓他們影響到研究的解讀結果？

以終為始，照樣管用

幸好，「貝氏推論引擎」藏有一個連許多慣用者也經常沒注意的神奇按鈕，防止我們輸入模擬兩可或誤導的「專家」事前見解，從而對證據產生個人化的見解。按下這個按鈕，就等於讓這台引擎反向運作。還記得它平常如何運作嗎？首先，從事前見解開始著手，與原始資料結合後綜而觀之，它就能告訴我們在考量已知事實的情況下，證據是否有說服力。不過，這台引擎反過來運作，表現也同樣出色：也就是說，這台引擎能著眼於我們認為具有說服力的結論，反向運作，從而揭露這樣的結論若要站得住腳，我們需要對資料有多高的事前相信程度。

因此，「貝氏推論引擎」不但不會堅持「所有人都一無所知」，也不會認為只有「專家」才有資格提出事前見解。只要按下這個按鈕，每個人都能靠自己想辦法解讀資料。「貝氏推論引擎」能告訴我們，必須要對資料具有多少事前相信程度，才能產生具有說服力的結論。我們只需決定一件事：我們是否認為那樣的事前相信程度確實合理？我們可能會覺得那實在荒謬，這時我們完全有理由認為，新研究發現沒有說服力。相反地，若我們覺得結果符合自己的想法，就同樣有理由可以聲稱，新研究發現有其道理。這整個過程都很透明，符合民主精神，而且也是量化標準；

更好的是，對於許多研究類型來說，只需要在線上計算機輸入兩個數字，就能輕鬆得到結論。[4]

證據層層累積，真理愈證愈明

「貝氏推論引擎」即使反過來運作，威力也絲毫不減，揭露證據真正強度的能力別無二致。以前一章的心臟病研究GREAT試驗為例，它聲稱若能及早施打藥物，死亡風險就可減低50％，非常令人佩服。「貝氏推論引擎」反向運作，一下子就能算出，這個死亡率減半的研究發現，需要多大的「統計顯著性」：研究結果若要具有說服力，你就必須已經相信，及早施打藥物起碼要有90％的機率，可減低死亡率。這是因為GREAT試驗的證據分量實在太薄弱，因此無論事前知識為何，研究發現都未能增色多少。GREAT試驗確實弱到連自己那一關也過不了：它的證據分量實在太低，除非已經有證據支持比它自己還要高明的結果，否則50％這個數據，實在令人難以信服。

這是否意味這項研究是在浪費時間和金錢，有半數病患在毫無理由的情況下，生命安全受到危害？事情絕非如此：整個研究的重點，在於透過逐漸積累的證據，把事前所知的界線往回推。GREAT試驗結果是這整個過程的關鍵所在，「貝氏推論引擎」以最合理的方式，善加利用這類研究提供的資訊。當然，隨著這項拯救措施出現更多研究，就會有更多證據積累，「貝氏推論引擎」就能指出，這套做法愈來愈有說服力。我們回顧病患人數是GREAT試驗20倍的研究證據，算出新聞標題所述的減低死亡率

17％；這個數字的證據分量可大多了，因此具有窄小許多的95％信賴區間。只要把這結果輸入反向運作的「貝氏推論引擎」，就會發現這項新研究發現的可信度，不再要求我們原本相信及早施打藥物有90％的機率，可減低死亡率——現在只要有28％的相信程度，就可以認真看待新證據。「貝氏推論引擎」指出，新資料如今夠扎實，能夠撐起大部分的證據分量，不再需要那麼多事前知識，才能使我們信服。

即使碰上最複雜的證據形式，也就是在研究過程中意外衍生全新問題的證據，「貝氏推論引擎」也能予以解讀。即使是專家，碰上這種研究，也得努力摸索意義，甭論提出量化結果。比方說，邁阿密大學的一支研究團隊，在2012年公開表示，每天喝軟性飲料的人，發生中風等血管疾病事件的風險，比一般人多出43％，這結果也具有統計顯著性。[5] 由於「低卡」飲料風行，再加上研究調查了數千人，因此研究在正式發表前，就登上頭條新聞。然而，研究者自己卻擔心研究發現會被過度引申，他們強調儘管整體研究的樣本數很大，然而新聞報導裡的數據，卻是根據占全體樣本不到10％的受測者而來，因而呼籲這項可能很重要的研究發現，應當要進行規模更大的研究。

然而，無論是這些研究者還是別人，除了把原始資料輸入「驚奇唬人機器」以外，什麼事情也沒有做。若他們再多做點別的檢驗，就會發現證據其實極為薄弱。把資料輸入反向運作的「貝氏推論引擎」，發現只有在我們已經相信真正的數據至少達60％，43％這個數字才有可信度。不過，既然這是有史以來第一個發表的研究結果，這樣的信心要從何而來？畢竟就連研究本身

也說這個死亡風險的數據，實在太戲劇化。換句話說，這項研究和GREAT試驗一樣，欠缺足夠的證據分量，甚至無法自圓其說。

「貝氏推論引擎」警告我們，眼前的統計顯著性證據薄弱得可以；如果要認為證據可信，我們對於這個效應確實存在，必須要已經相信的程度，比這研究本身要求的還多。當然，這項研究多少還是有增添一點證據分量，對科學可能也會有所貢獻；只不過從可觀的風險數字及「統計顯著性」這幾個字的意涵來看，它的貢獻極有待商榷。

全面召修「驚奇唬人機器」

一如經典老話一句：還需要更多研究。同時，我們應當無視於媒體報導，讓科學家挖掘出更多真相。與其費神猜測研究的可信度如何，不如花點功夫想以下這個問題。自從1920年代出現顯著性測試和p值，這兩個概念就一直讓學生混淆不清，愚弄研究者，讓人誤以為具有「顯著性」的研究成果，真的有多重大。諷刺的是，當初發明這些概念，是為了排除再明顯不過的僥倖因素，後來卻變成「驚奇唬人機器」，聲稱可以判斷研究結果是否值得認真看待。事實上，完全不是這麼一回事。無論結果是出自廣受探討的醫事療程最新研究，還是某個從未有人研究過的出人意表聲明，對「驚奇唬人機器」來說都一樣。這台機器只接收資料，其他一律不管，然後直接宣布你淘到「金沙」還是「垃圾」。

這種做法對於科學進步十分有害。大如發現宇宙擴張的事實，小到確認DNA對遺傳的作用，或是顯示質子裡有夸克，所有

的科學進步都得靠累積證據，而不是簡單的是非二分法。科學家是在微妙的灰色地帶裡找真相，而不是黑白分明。若要把色調各有不同的證據綜而觀之，就需要用貝氏方法。

然而，即使已有這麼多證據指出「驚奇唬人機器」一敗塗地，光是前一段文字，就足以觸怒某些人。那些執意相信「驚奇唬人機器」的人，等於是反對一項在打造這台機器的同時，就已經展開的研究計畫結果。

1920年代，有幾位數學家開始思索，要如何將確鑿的證據，轉化成所謂「信念」的模糊概念。這些數學家包括法國的埃米爾·博雷爾（Émile Borel）、英國的法蘭克·拉姆齊（Frank Ramsey）以及義大利的布魯諾·德福涅地（Bruno de Finetti）。他們的研究成果，揭露了任何理性可靠的研究方法，必須遵循的幾條定律——就是或然率定律，而貝氏定理扮演了根據證據更新相信程度的關鍵角色。這個耐人尋味的關聯，遭漠視長達數十年，但之後又有後繼者探討，希望能以扎實的基礎予以闡述。[6]推論過程與貝氏定理之間的基本關聯，在過去幾年間已然被發掘，結果證實這個關聯不僅可靠無虞，實際上根本密不可分。[7]

簡而言之，如今再也沒有任何藉口繼續盲從「驚奇唬人機器」。在它對科學工作造成更多傷害之前，應該要把它直接扔進廢料場。不過，「驚奇唬人機器」有些部分還是可以廢物利用。它確實有一項相當迷人的特色，無疑也可以解釋它為何歷久不衰：雖然這台機器對於新證據的「顯著性」，會給予誤導的指引，但起碼是明確的指引。好消息是，「貝氏推論引擎」也做得到。

然而，一定要送進科學廢料場裡的，是「驚奇唬人機器」那

套過度簡化（「過關／沒過關」）的試驗思維。無論是運用科學證據的人，還是創造科學證據的人，都應當採用更細緻的方法處理證據。

｜這樣思考不犯錯｜

　　「貝氏推論引擎」是將新證據納入脈絡裡考量，藉此更新已知的事情。在幾乎一無所知的領域，它也可以解讀那些無厘頭的研究內容，並辨別哪些證據薄弱到幾乎沒有價值。

27

神奇的萬有曲線

　　電視製作人想要讓某人看來很有智慧，就會讓背景出現擺滿書的書架。若是要那個人看起來像天才，就會把書架換成寫滿數學符號的白板。他們一直都知道，光是幾個方程式，就足以使懷疑煙消雲散，塑造出權威感。數學家自己並不清楚，他們平常慣用的奇怪語言，對於門外漢竟然有如此大的威力。根據傳聞，卓越的瑞士數學家尤拉（Leonhard Euler）於1774年，在一場針對上帝是否存在的公開辯論中，只不過在黑板上隨手亂寫了一條沒有意義的公式，聲稱這條公式證明上帝存在，並要求對手回應，竟然贏得了辯論——辯論對手不懂數學，完全被難倒，落荒而逃。雖然這故事純屬虛構[1]，卻道出一個真理：要平息爭議，最有效的方法就是聲稱「那是可以算出來的」。

這或許可以解釋，1990年代末期，為何某些全世界最大企業的資深管理者，對於下列這串希臘字母的組合十分著迷：

$$f(x, \mu, \sigma) = \frac{1}{\sigma\sqrt{2\pi}} \exp\left(-\frac{(x-\mu)^2}{2\sigma^2}\right)$$

你要是在這公式裡頭站錯邊，可是會丟飯碗的。

過去十年，如微軟、奇異、康菲（Conoco）等企業的員工，可能、也確實會因為在這條公式裡站錯邊，被公司炒魷魚。更精確地說，他們是在這條公式所描述的曲線（如下圖）站錯邊：

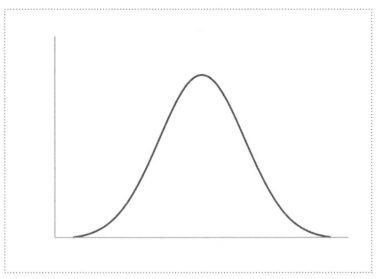

美麗、誘惑又危險的鐘形曲線。

這就是著名的鐘形曲線（Bell Curve）。曾經有段時間，人資部門相信這條曲線以數學的精準度，捕捉到銷售額、利潤或「效能」等任何你想得到的指標所測量出來的員工績效。這條曲線呈現公式據稱蘊含的真理。首先，大多數員工都績效平平，落在靠近中央凸起處；有一半的員工表現高於平均，另一半則低於平均。再者，有一小部分員工是績效卓越的明星，落在鐘形曲線右邊的尾巴處。最後，也有同樣占比的懶鬼、魯蛇和米蟲，龜縮在左邊的尾巴處。我們要把這些傢伙找出來，給他們一頓激勵演說，或是直接開除他們。怎麼做呢？簡單！先用1到5分給員工的績效分等級，同時確定每個等級的比例遵循鐘形曲線。因此，得到平均3分的人最多，得到2分或4分的人則少一點。處理完這些人後，管理階層就可以把注意力放在「局外人」身上：落在右邊尾巴、得5分的那些人，可以得到獎勵；至於落在左邊尾巴、得1分的傢伙，就該好好修理。

可想而知，這套「考績定去留」（Rank and Yank）的怪異人事評估法，引起員工相當程度的反感及懷疑，因為他們感覺到事情不太對勁。有些人發現自己落在鐘形曲線錯誤的尾巴，一狀告上法庭；然而，沒有幾個人有足夠的信心，質疑這條公式本身有問題。令人驚訝的是，這條公式的數學魔力，要花上10年才破除。

用錯曲線，趕跑了人才

這條公式在數學上確實是正確的，鐘形曲線無疑也反映了如身高、智商等許多人類特質的本質；然而，卻沒有人想到檢視

「績效」是否也適用。等到有人著手檢視，結果證實許多人原本懷疑的事：績效根本不是對稱分布。[2] 績效的分布通常是頂尖者寥寥無幾，其他人表現普普。認為每個部門的明星和廢柴比例一定相等的想法，結果證實十分愚蠢（這一點也不意外），也對企業經營造成嚴重威脅。由於評分必須遵從鐘形曲線，主管發現他們不得不懲戒10％的員工，因為80％的員工必須落於平均值附近，剩下的20％非得落在兩邊的尾巴。這種做法除了打擊工作士氣，無法證明能提升績效；許多原本支持鐘形曲線評估法的人，最終宣告放棄。包括微軟在內，許多公司另尋他法，但也有很多公司堅持繼續採用鐘形曲線。它們也許自有道理，也很有可能只是陷入面對不確定時最容易掉進去的陷阱：它們堅信，天底下所有事情都遵循「常態」（Normal）。

這個信念看似完全合理，但這裡的「常態」是專有名詞，與一般所謂的常態差距甚遠。就如同機率和不確定性理論的許多詞彙一樣，「常態」有非常特定的意涵，但幾乎總是遭人濫用。「常態」似乎意指尋常、標準或自然，但在這裡的意思是遵循鐘形曲線，或是數學家所說的「常態分配」（Normal Distribution），它的公式就如前文所述。這個詞彙確實相當不恰當，因為常態分配不但經常無法描述「常態」現象，其背後的公式，更是史上最罕有的數學發現之一。

常態分配的根源，可追溯到或然率理論最早先出現的時候。17世紀時，包括帕斯卡、費瑪和白努利等或然率理論的先驅，發現了如何算出各種事件組合機率的方法。比方說，擲十次骰子，出現三次6點的機率有多少，答案有公式可循。公式裡有兩個元

素：個別事件在單一嘗試中出現的機率，以及這個單一事件在擲骰子過程有多少種「排列」。比如，這三次6點可能接連出現，也可能隨機相隔出現。若把這些結果畫在紙上，就會出現一件很有意思的事：隨著嘗試的總次數增加，達到某特定成功次數的機率，似乎會落在一條特定曲線上。

即使是擲銅板這麼簡單的機率事件，也會出現這樣的狀況。假設擲任何一次銅板，得到正面的機率都是一半，我們就會預期出現正面的次數，最有可能是擲銅板總次數的一半。當然，按照公式把擲十次銅板的結果畫出來，就會在五次的地方出現或然率高峰——正好是我們預期出現正面的平均次數。這條公式也會告訴你，擲十次銅板出現其他次數正面的機率是多少——這些結

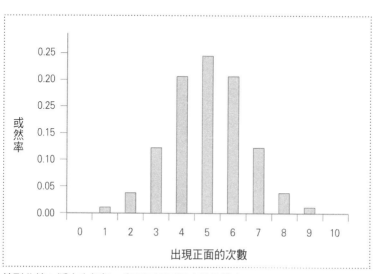

鐘形曲線：擲十次銅板，出現不同正面次數的機率。

果會落在中央高峰兩側其中一側斜坡上，反映發生機率較低的事實。在曲線兩端是最不可能發生的事件：一次正面也沒出現，或是全部出現正面。

　　沒有一點本事，別想計算這些圖形。即使像白努利這樣的數學大師，只要試驗次數變多，也同樣束手無策。[3] 然而，若是不做相關計算，就很難從這些曲線挖掘更多秘密。我們需要捷徑，而此事到1733年就有重大突破，出現不但易於使用，且隨著試驗次數增加，結果會愈形可靠的公式。

數學家幫忙找回穀神星

　　這條公式是由當代最卓越的數學家之一，流亡在倫敦的法國數學老師、顧問亞伯拉罕·棣莫弗想出來的。棣莫弗在機率理論的技巧，高明到據說就連飛揚跋扈的天才牛頓，在這方面也向他請益。諷刺的是，他運氣似乎不太好，有好幾項發現都沒有歸功給他，包括這條簡潔的或然率公式。這條公式冠上各種其他名號，如取名自偉大德國數學家高斯（Carl Gauss，1777-1855）的高斯曲線；高斯自己透過迥然不同的方式，發現這條公式。當時高斯正在努力解決實驗科學的核心問題：如何從易於產生誤差的資料中取得見解。他指出，針對誤差對觀察結果所產生的影響，只要做出三個合理的假設，就能計算出真正的機率值落入的範圍。他的公式基本上和棣莫弗發現的完全一樣，如本章開頭所記；按照公式把圖畫出來，就會得到鐘形曲線。

　　棣莫弗已經指出，曲線中央的高峰，與擲銅板之類的隨機事

件最有可能出現幾次的結果吻合。對於想要算出某一把賭注贏錢機率的賭徒來說，知道這點非常有用。不過高斯指出，對於會產生隨機偏誤的各種量測結果，曲線高峰也能標出其平均值。對於想要測估某個量真正的值，可能會落在哪個範圍之內的科學家來說，這條曲線因此也具有極大的用處。

這條公式首度公開運用，就讓年僅24歲的高斯享譽國際。1801年1月1日，有位義大利天文學家聲稱，他在火星跟木星之間發現一顆太陽系的新行星，在當時引起一陣騷動。可惜的是，在任何人能夠證實這項發現之前，該星體就在太陽光底下失去蹤跡；由於不知道這顆行星的軌道，有可能接著好幾年都再也找不著。高斯應用這條公式，把既有的觀測結果做了最大程度的利用，並且經過一些艱深的計算之後，預測該星體應該會在哪個區域重新出現。結果，天文學家利用高斯的預測，果然稍晚在當年就把這顆行星給找了回來。這顆名叫穀神星的行星，是環繞太陽的一堆所謂小行星裡最大的一顆。

高斯因為驚人的成就而備受讚譽；然而，他對於自己的誤差公式基礎，卻始終心懷疑慮。幸好另一項遠比發現穀神星更為重要的科學發現，為他的公式奠定了扎實的基礎。

這得要歸功於另一位19世紀的應用數學巨擘拉普拉斯。這位因為在微積分和天體力學有許多重大發現，在當時早就享譽學界的卓越法國博學之士，轉而關注或然率。1810年，他揭露了一件關於鐘形曲線的事，就連棣莫弗和高斯也沒注意到：他用令人歎為觀止的數學指出，鐘形曲線的根源，遠比任何人所想見的還要來得深遠，這條曲線極為重要。這根本就是一條自然定律，許多

現象背後都能發現它的存在，甚至包括某些看似欠缺任何規律或法則可言的現象。

　　一個例子就是，連擲銅板之類的機率事件，也能看到鐘形曲線。儘管每次擲銅板都是隨機的，且彼此完全獨立，然而若將這些結果全部加總起來，卻總能湊出同樣的曲線形狀。舉例來說，若叫100個人各自擲銅板50次，並且記下擲出正面的次數，大約會有12個人擲出期望中的25次正面。整體而言，大約會有50個人，擲出正面的次數，與這個平均值差距不到兩次。但是超過這個範圍之後，擲出正面的次數距離平均值愈遠，人數也會迅速下降。只有差不多12個人，擲出正面的次數，與平均值相差五次以上；擲出正面的次數不到17次，或是超過33次的，只有一兩個

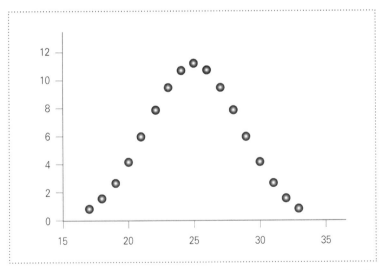

倘若有100人各擲銅板50次，預期只有差不多12個人，會剛好擲出25次正面。

人。把這些結果化為圖形，就會出現鐘形曲線，顯示各有多少人擲出不同的正面次數。

拉普拉斯的不朽發現是：同樣的鐘形曲線，可用來描述任何類型、彼此獨立運作的隨機作用，總合起來所造成的任何現象。令人難以置信的是，我們甚至不需要確認這些隨機作用是怎麼回事，也不需要探究它們如何運作。簡單來說，只要這些隨機作用的數量夠多，是屬於同樣的類型，並且彼此獨立運作，那麼它們總結起來的效果，就會產生鐘形曲線。[4]

中央極限定理

若你覺得以上陳述難以理解，你不是唯一不懂的人。就連拉普拉斯和同時期的同儕，也沒有人當下就明瞭這到底有多麼重要。拉普拉斯的這項發現，花了超過一個世紀的時間，才得到用以明瞭不確定性的關鍵地位。如果講究名符其實，它其實應該叫做「隨機作用基本定律」之類的，然而事實上它卻有個單調乏味的名號：中央極限定理（Central Limit Theorem）。

雖然這名號平凡無奇，但它的應用性卻不可貌相。既然我們可以合理認為，許多現象都是由無數隨機影響累積而成，你可能會認為，鐘形曲線理應無所不在。確實，舉凡氣體分子變幻莫測的行進路徑，學生的考試成績，甚至大霹靂殘留的熱能，各種事物裡都能發現鐘形曲線。人類身高更是鐘形曲線的經典範例：既然身高是各種骨骼長度累加起來的總數，而每根骨骼的長度，又是出於基因、營養、整體健康狀態等無數因素所產生的結果，若

要描繪不同身高的人數比例與各身高範圍之間的關係，就有可能
會出現鐘形曲線。結果——哇！還真的是耶！[5]

　　不過，中央極限定理不只是用於解決這些無足輕重的題目。
鐘形曲線實在太過普遍，因此具備破解複雜幾近於神奇的能力。
這在醫學研究最是明顯：臨床醫師為了要確定新療法是否有效，
就必須把一批病患隨機分成兩組，一組接受新療法，另一組則接
受別的療法。藉由隨機分配病患，可某種程度地減低任何一組病
患非常態的風險，從而增加療法結果未來足以代表一般典型病患
的機率。要把每個病患反應的劇烈變化納入考量，顯然是不可能
的事，不過中央極限定理卻能讓我們沒有必要這樣做：只要這些
「未知的未知數」對每位病患的影響彼此獨立，它們對於每個病患
群組的積累效果，就會形成鐘形曲線。只要這兩個鐘形曲線的高
峰相差夠遠，我們就不能說這個差異是出於僥倖。

　　臨床醫師對於定理名稱裡的「極限」所謂何義，比大多數人
都了解。它反映的是一個事實：這項定理只有在隨機變數有無限
個的情況下，才完全站得住腳。雖然在現實中，這項定理在相對
較少的隨機變數下，效果算相當不錯，不過除非臨床試驗納入夠
多的病患，否則藥物的真正影響，就有被「未知的未知數」掩蓋
的風險。為了應付這個問題，臨床醫師把這個定理反轉過來，大
略估計需要納入多少病患，才能有合理的機率，顯示出新療法確
實管用，即兩組病患各有一條既漂亮又截然不同的鐘形曲線。

　　中央極限定理無疑是數學家給科學家最有威力的工具之一。
光是它的泛用性就夠迷人了，而鐘形曲線扎實的數學理論基礎，
更引發一場將數學應用於大千世界的革命。不過它也成為無視

「使用條款」而誤用數學工具會有何差錯的經典範例。這項定理因為威力強大，得以深植於科學、技術、醫學、商業等領域的各式技巧；然而，知道它存在的人卻寥寥無幾，遑論意識到違反「使用條款」的風險。因此拉普拉斯的定理及其衍生物，經常遭到過分濫用，產生一些不可靠的研究發現、沒有道理的見解，並在近年最嚴重的金融危機中成為釀成災難的核心角色。

尋找完美的「平均之人」

還在拉普拉斯努力理解他的發現有何意涵時，濫用的警訊就已浮現。一位名叫阿道夫・凱特勒（Adolphe Quetelet，1796-1874）的比利時天文學家，在1823年8月步入著名的巴黎天文台，這是「科學史上最著名的短程旅行之一」。[6] 他的目的是為爭取布魯塞爾一座新天文台的台長職務做準備，因此特別前來了解，從資料中獲得見解的最佳方式。凱特勒拜見了許多科學界的傑出人士，拉普拉斯也在其中。在眼見鐘形曲線可如何用來描述觀測誤差後，凱特勒開始思索有沒有更出色的應用方式。與人類特質有關的資料裡，會不會也有這條曲線？

凱特勒想要透過鐘形曲線，捕捉人類所有的基本特性，如此有朝一日就能揭開人類原型的真面目——用他的話來說，就是「平均之人」（l'homme moyen）。他在接下來的幾年，開始發表驗證這個觀點的證據。凱特勒蒐集了許多人類特質的資料，到處都看到鐘形曲線的存在：舉凡士兵的胸圍、結婚傾向、犯罪傾向等，比比皆是。他相信自己已經找到了人類本質的「定律」，並開

始利用鐘形曲線，解讀資料，構成見解。凱特勒把法國一般男性身高的鐘形曲線，拿去與1817年徵召入伍的士兵身高鐘形曲線做比較。如果其他條件不變，這兩條曲線理應相同，但實際上卻不是如此：曲線在徵兵規定的身高附近，出現一個奇怪的「凹折」。凱特勒認為，根據他發現的定律顯示，有大約2％徵召服役的男子，藉由謊報身高躲避兵役。

不久之後，凱特勒的鐘形曲線研究，開始成為逐漸成形的「社會科學」觀念的理論基礎。社會科學認為所有的人類特質，都可視為不可見的隨機作用累積的結果。凱特勒自己相信，鐘形曲線之所以無所不在，是高斯與拉普拉斯所探索的誤差定律的展現。對他來說，「平均之人」代表完美，與完美的差異就是「誤差」造成的結果。

不過，有些人想尋求較具象的解釋，他們認為答案就在拉普拉斯的定理中。在他們看來，光是鐘形曲線無所不在這件事，就足以反映隨機影響加總所造成的現象無所不在的事實。

在柏拉圖的數學世界與紛亂的現實生活世界之間，拉普拉斯似乎搭起了一座橋樑。有誰能抗拒誘惑，不跨過去瞧瞧呢？維多利亞時代的學究高爾頓就堅信，鐘形曲線放諸四海皆準。[7] 到了1877年，他開始以「常態定律」（Normal Law）這個較有力的名字，指稱數學家所說的「誤差定律」或「高斯─拉普拉斯定律」。常態定律的意涵很清楚：鐘形曲線反映了自然現象的典型行為，各種事件的一般狀態，以及所有事物的標準運作方式。其他具有影響力的研究者也開始照做，其中包括奠定現代統計學基礎的卡爾‧皮爾森（Karl Pearson）。

　　然而，對於鐘形曲線屬於「常態」的信念流傳之廣，有些人感到憂心忡忡，其中包括卓越的法國數學家昂利·龐加萊（Henri Poincaré），以及諾貝爾物理學獎得主加布里埃爾·李普曼（Gabriel Lippmann）。李普曼就曾嚴正警告：「每個人都相信它——做實驗的人相信它是數學定理；數學家相信它是個經過實證的事實。」[8]

　　就如同接下來會看到的，對於這種彼此相害的保證，他們的憂慮實在極有先見之明。

｜這樣思考不犯錯｜

　　所有機率定律中，最迷人的就是拉普拉斯的中央極限定理，以及它對看似無所不在的鐘形曲線的解釋。但是，千萬別被「常態分配」的老生常談給愚弄，因為它一點也不尋常。

28

常態分配不常有

美國投資銀行高盛歷經150多年的歷史，什麼大風大浪都見過。經濟繁榮、金融崩潰、股票泡沫、全球衰退……無論碰上什麼危機，高盛總是能夠安然度過。但是在2007年8月，它卻一頭撞上堪稱金融界冰山群的危機，不得不對兩檔基金注資超過20億美元，免得它們沉入海底。高盛財務長大衛・維尼亞（David Viniar）本應站在艦橋上，目光銳利，察看動靜。他怎麼可能沒看到這些海上巨怪呢？他當天告訴記者的話，已是金融行家圈的名言：「我們已經連續好幾天，看到25個標準差的波動。」用白話說就是：「我們的運氣超背！」

常態分配是極度反常現象

　　至少在精通「量化語言」的人聽起來，這話就是這個意思。量化語言是量化分析師所用的語言，這些人跟維尼亞一樣，在金融世界中使用數學模型，藉此了解風險和不確定性。量化分析師腦中滿是令人費解的東西，包括某些關鍵數字，能夠讓他們在電光石火間，解析新的財經資料的真義。比方說，他們全都知道，市場有68％的或然率，會出現「1個標準差」的波動；這個現象司空見慣，不會有人因此輾轉難眠。不過，「2個標準差」事件發生的或然率只有5％，這是事態偏離常軌具有「統計顯著性」的警訊，不過這種事還是有可能發生。面對4個標準差的事件，要保持樂觀，就困難許多，因為它的發生機率，大約是16,000分之1；你很可能在這一行一輩子都不曾碰過這樣的事。不過，就算是最資深的量化分析師，也無法理解維尼亞口中所說的25個標準差事件。這類事件實在太過奇特，就連標準公式也無法處理，必須經過特殊處理，才能在報表上把極低的機率打出來。[1]不過，當維尼亞和同事總算把數據處理好，得到的答案卻令人訝異：根據他們聲稱，他們碰上的是平均每隔10^{135}年才會碰上一次的事件。這甚至已經超越天文數字了，因為這令人無法想像的時間尺度，甚至比宇宙生成還要久。而且，據維尼亞所言，高盛還不只碰到一次，是碰到好幾次。

　　維尼亞的25個標準差當然是誇大，這極低的或然率是表示事態棘手。沒錯，極罕見的事件有可能、也確實會發生，但是一連幾件同時報到，你不禁猜想，算出這些機率的方法，是不是哪

裡出了問題？要計算這些機率，需要用到該事件所謂的或然率分配（probability distribution）；或然率分配有各種形狀跟大小，不過在金融界裡，每個人幾乎都不加思索，直接採用「鐘形曲線」。為什麼不？畢竟鐘形曲線不就是「常態分配」嗎？

維尼亞發表這段聲明的將近一個世紀前，假設事情「遵循常態」的概念開始流行時，就已經有人對此表示擔憂。1901年，英國統計學家卡爾‧皮爾森（Karl Pearson）率先檢驗聲稱無所不在的鐘形曲線，發現證據並不是很有說服力。他寫道：「我只能說，常態曲線……是極反常的現象。」到了1920年代，皮爾森對於自己協助創造出鐘形曲線是「常態」的錯覺，感到懊悔不已。他指出，這個詞彙「有個缺點，會讓人們認為其他分配都是『反常』。」[2] 他建議只有在進行理論性研究之初，可以猜測假設事情遵循常態分配。然而，他出於良心不安的建議，卻被當成耳邊風：鐘形曲線不但是第一次猜測時的假設，也是唯一的假設。鐘形曲線實在太過優美，關於其無所不在，邏輯實在太具有說服力，它切合這麼多資料的事實，實在太令人印象深刻。

然而，現實生活中的資料，到底有多切合鐘形曲線？教科書會以身高做為範例，方法十分簡單。首先，測量很多人的身高，再把身高落在各個範圍區間（如每5公分一個區間）的百分比繪製成圖，就會出現一個輪廓平滑的鐘形曲線如下頁圖所示。[3]

圖中還可以看到常態分配的優勢：它只要用兩個數字，就能總結大量的資料。第一個數字是平均數（mean），用希臘字母 μ 標記，沿著水平軸落在鐘形曲線的中央高峰處。第二個數字是標準差，用希臘字母 σ 標記，描述這條鐘形曲線的離度（spread）。

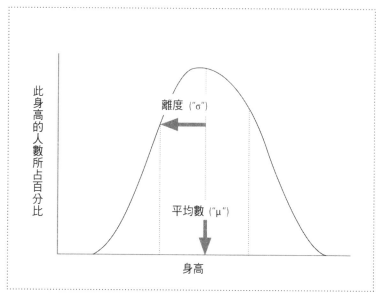

美麗的身高鐘形曲線，只是微凹。

一旦以鐘形曲線配適資料，光是知道這兩個數字，就足以提供許多資訊。例如，鐘形曲線總是有95％落在距離平均數幾乎剛好是正負2個標準差之內，所以若已知平均身高是175公分，標準差是7.5公分，那麼有95％的人，身高介於160公分到190公分之間。反過來說，這表示有5％的人落在這兩個限度之外，而既然曲線完美對稱，就可以把這些人切分成身高低於160公分的人占2.5％，身高高於190公分的人占2.5％。我們還可以把這些計算過程反轉過來，問問看有多少百分比的人，身高超過平均數4個標準差：鐘形曲線公式指出，有大約16,000分之1的人，會落在距離平均

數4個標準差之外，因此基於鐘形曲線的對稱性，這個比例會有一半落在超過平均數4個標準差的地方。如果有個國家有1億人，身高遵循鐘形曲線，就可以預期能夠找到大約3,000人，身高超過205公分。

留意鐘形曲線的危險地帶

這一切都太好了，很難不覺得鐘形曲線無所不能。不過這裡頭有個問題，只要仔細觀察現實生活中的鐘形曲線，就不難察覺：雖然曲線呈現鐘形，卻不是我們說的那條鐘形曲線。拉普拉斯定理對這點相當嚴苛：就任何假定遵循鐘形曲線的現象而言，中央極限定理告訴我們，會出現單一一條漂亮的對稱曲線，兩條尾巴俐落地往兩邊向下擺尾。然而我們實際上得到的，卻是一條有點蹲下來的粗短曲線，其高峰處有點小，但又明顯凹進去。是哪裡出了問題？一個原因可能是，我們沒有蒐集到足以平衡所有起伏的資料；但是我們永遠也無法絕對確定是否已得到完美的鐘形曲線，因為中央極限理論的條件要有無限的資料點。

那麼，還有什麼原因會造成曲線不完美？凹陷的高峰可能是因為大意，把兩個具有不同隨機影響的不同母體混淆所致。就人類身高來說，我們可以猜測，這兩個「不同母體」就是男性和女性。當然，倘若我們把兩性分開，各自的曲線看起來就會比較像鐘形曲線，不過仍然不太完美。好吧，也許光是分成兩個母體還不夠，次群體裡頭還有更小的次群體。這聽起來很有道理：種族背景、營養狀態等，任何事情都可能造成差異。

不過這麼一來，我們又碰上一個新難題：拉普拉斯定理要求所有這些不同的隨機效應，都必須要獨立運作，才能形成一條真正的鐘形曲線。但這真的行得通嗎？基因絕對不是獨立運作，營養造成的影響也不是獨立運作；要主張這些因素全都如同拉普拉斯定理要求的，效果只會累加，未免不切實際。簡言之，想要曲線的頂端看起來圓滑平順，或是兩側對稱，實在需要奇蹟。[4]

「鐘形曲線無所不在」理論的早期支持者，有些意識到這些問題確實存在。凱特勒試著把與性別有關的資料分離出來，其結果對他的「平均之人」研究來說已經適足（平均之人按照定義，落在曲線高峰處）。不過，有些與他同一時代的人，卻想要延伸鐘形曲線的概念，看看這個概念對於極值的見解；他們因此遠離相對安全的鐘形曲線高峰處，逐漸踏入尾端部分。他們在過程中未能留意到（或刻意忽視），他們與現實脫節的風險也愈來愈高。

無論對任何事情蒐集到多少現實資料，總是能輕易辨識出兩種資料：一種是極大值，一種是極小值。當然，在某處可能還有更大或更小的值，說不定有一大堆，問題在於你無法確定；你唯一能確定的，就是你蒐集到的資料裡，有一個極大值和極小值，沒有其他值比這兩個值更大或更小。然而，拉普拉斯那條漂亮的理論曲線，卻是永遠沒有盡頭：曲線的尾巴無止盡地往外延伸，要到無限遠處才會碰到水平軸。對於想用鐘形曲線模擬現實狀況的人來說，這有個驚人的意涵：以身高為例，這表示儘管機率極其渺茫，還是有可能找到比聖母峰還要高的人類。由於如此荒謬之事發生的或然率如此渺茫，我們很容易把這和凹陷的高峰一樣，視為怪異現象。然而，即使凱特勒與他當代的人，到處都見

到鐘形曲線，在當時就已經有活生生的證據顯示，鐘形曲線的極值不能盡信。一個驚人的例子就是綽號「發芽」的羅根（Bud Rogan），人稱「不可思議的人」。

約翰・威廉・羅根（John William Rogan）在1860年代生於美國田納西州，1905年死亡時，身高已到2公尺67公分。他異乎尋常的身高，遠遠落在身高分配的右尾；就曲線來看，這樣身高的人能夠存在，實在是相當不可能。到底有多不可能？我們可以用常態分配的公式估算。由於常態分配的簡練，只需要一個數字就能得到答案：羅根的身高距離母體平均身高，究竟有幾個標準差。根據歷史紀錄顯示[5]，以羅根那個時代的人及背景，平均身高是1公尺70公分，標準差大約是7公分。他比當時一般人高出97公分，超出13個標準差；把這個數字代入相關公式，就能得知：他不只是百萬人中選一，也不是十億人中選一，而是1044人中選一，相較於地球上曾經出現過的人類總數（約1,000億人），不知是多少倍。

當然，你永遠也不該忘記，極端的異常之事可能會發生，也確實會發生；但是就如同維尼亞的金融冰山一樣，我們不應該預期看到這樣的事一再發生。事實上，最起碼有17個已知案例，身高長得跟羅根差不多；羅伯特・瓦德羅（Robert Wadlow，1918-1940）就是其中之一，他比羅根還高5公分，目前仍是有史以來身高最高的人。這裡的啟示很清楚：萬事皆屬常態分配本身是個可能根本站不住腳的假設，做此假設的結果，就是碰到極值時啞口無言。永遠不要輕忽，拉普拉斯的中央極限定理，應用時必須遵守許多條件；雖然規定已經放很寬，但不能全然無視它們

的存在。從鐘形曲線引申見解前,請暫且自問,資料是否多少是獨立運作的諸多變數累加的結果。拉普拉斯定理的可靠度,可能會因為欠缺資料而受損,而我們沒有簡單的方法,辨別資料是否充分。在紛亂的現實世界裡強行運用這個定理,它就可能搗蛋,吐出一些前所未見的荒唐機率,卻未能警示明天可能就會碰上的極端事件。

鐘形曲線也有使用「條款及細則」

維尼亞的聲明為全球金融危機與衰退揭開序幕,衝擊在多年後仍然有感。這也引發了對於常態分配假設的激烈辯論,但這種辯論不是頭一遭。早在數十年前,就有明確的證據顯示,金融市場的表現並不符合常態分配。[6] 備受景仰的英國財金數學家保羅・威摩特(Paul Wilmott),在2000年就試著警告他的量化分析同儕,危險何在:「很明顯地,世界若要免於遭受肇因於數學家的市場崩解,我們亟需重新思考……模型背後的假設,如常態分配的重要性、消除風險、可量測的相關性,這些可能都是不正確的。」[7]

言者諄諄,聽者藐藐。金融機構甚至賭更大,拿數學模型為他們的曝險部位背書。「只要音樂沒停,你就得起身跳舞。我們的舞步還沒停,」花旗集團執行長查克・普林斯(Chuck Prince)在2007年初時這樣說,但他也跳不了多久了。花旗銀行是當時全世界最大的銀行,在擔保債務憑證(collateralized debt obligation, CDO)有超過400億美元的曝險部位,這是一種借據,由如房屋

貸款的資產背書（即「擔保」）。擔保債務憑證之類的證券，吸引力在於給付利率一般遠高於無趣的政府債券。無可避免地，最優厚的利率，都是由最不安全的資產擔保、倒債風險最高的借據綁在一起。這個問題的挑戰在於判定利息是否值得冒險。幸好信評機構願意運用精巧的數學模型，把這些資產的危險性（術語為「違約風險」）量化（這項服務當然要收費）。然而，這些模型其實一點也不精巧，全都內建鐘形曲線，更糟的是還被拿來估計極端事件發生的風險。

　　諷刺的是，素來以「條款與細則」約束客戶的金融機構，似乎既不知道、也不在乎鐘形曲線的使用條款與細則。你根本不需要博士學位，也會懷疑在擔保債務憑證的風險模型中，有可能嚴重違反了這些條款與細則。就在普林斯歡欣鼓舞的聲明之後幾個月內，風險模型的無能原形畢露，擔保債務憑證就開始以災難性的速率違約。花旗集團面臨破產，美國政府撥款450億美元紓困，才救了它。

　　然而禍不單行，2008年初的全球金融危機顯示，威摩特的警告根本稱不上危言聳聽。「我犯了一個大錯，」威摩特在當時寫道，「我太含蓄了……我應該大吼大叫提出警告。」他這次直言不諱，指出這些模型裡的變數欠缺獨立性，可能會導致模型「戲劇性地爆炸」。他提議立刻停止使用這些模型，但卻沒人理他。擔保債務憑證跟信用違約交換（credit default swap, CDS）之類的衍生性金融商品，實在好用，利潤又高，金融業者難以放棄。然而若要使用這些證券，它們就必須與比鐘形曲線更精巧的數學分配結合，才能符合對價關係。金融監管單位呼籲採用更好的模型，

然而時至今日，這方面似乎並沒有多大長進。[8]

　　不過，坐在金融巨獸董事會議室裡的那些人，才是真正能推動改變的推手。全球市場若要避免重蹈覆轍，這些人就必須更加了解他們旗下的量化分析師，到底端出什麼菜色；若事情出了差錯，他們就要面對現實，而不是隨之起舞。有跡象顯示，這個訊息已開始在業界流傳。美國國庫券市場在2014年10月，經歷了單日7.5個標準差的波動後，摩根大通執行長傑米．迪蒙（Jamie Dimon）告訴股東，這種事件理應幾十億年才會發生一次，但他緊接著就補上一句但書：美國國庫券市場也不過才200年左右的歷史，「這點應該會讓你們開始質疑，統計原理是不是有問題。」[9]

　　也許非得要大禍臨頭，才能讓問題浮上檯面，不過我們似乎總算能夠跨出鐘形曲線的窠臼了。

│這樣思考不犯錯│

　　鐘形曲線的應用附有「條款與細則」，在現實世界中經常無法符合。有時候，這無關緊要，但若你用鐘形曲線預測極端事件，務必當心：濫用「條款與細則」，就可能引發大災難。

29

醜陋姊妹花與邪惡雙胞胎

　　美國明尼蘇達州的渥伯根湖（Lake Wobegon），是個非常奇特的地方。暢銷故事書作家蓋瑞森‧凱勒（Garrison Keillor）是此地最出名的子弟，他以描述1970年代家鄉風情的獨白，擄獲讀者的心。他每次都會在故事尾聲，開心地描述他的家鄉小鎮，是個「所有女人都很堅強，所有男人都很俊美，所有小孩的資質都在平均之上」的地方。許多人可能會以為，這些話是「月是故鄉圓」的典型表述。有些人則把它視為關於渥伯根湖真相的一大線索：這個地方根本不存在，因為這樣的一群小孩根本不可能存在。

　　不盡然。如果就身高或智商等放諸四海皆準的特徵來說，所有來自渥伯根湖的小孩，當然絕對有可能都在平均之上，例如參加奧運百米賽跑決賽的選手，跑步的能力肯定個個都在平均之

上。但是凱勒是指所有小孩在各方面都在平均之上，那就頗為牽強。事實上，若有某個特質遵循鐘形曲線，那麼隨機挑一個人，他的這項特質在平均之上的機率，只有50％。反過來說也一樣，而且對智商來說有個很可怕的意涵（智商倒真的是大致遵循鐘形曲線）：全國有一半的人，智商低於平均。這一切都反映了鐘形曲線的一個特點：高峰不但是平均數所在，也是中位數（median）所在。

中位數的妙用

和平均數一樣，中位數也是所謂的摘要性統計數據，以一個單一數字總結許多資料。人們經常認為中位數就是平均數，只是換個比較花俏的名詞，但其實兩者大不相同，而且中位數往往能提供更多資訊。雖然我們對平均數極為熟悉，但它的意義其實相當深奧：若要從資料中隨機取一個值，平均數是最佳的估計值。以身高、智商這種分配既漂亮又相當對稱且接近鐘形曲線的特質，高於平均數的值與低於平均數的一樣多，平均數就相當好用。但是如果是分配並不是那麼漂亮的現實生活現象，平均數就可能會極為誤導。

相對來說，中位數是非常實在的量測指標。中位數的定義是資料對半切分後出現的值：因此，所有的量測結果，有50％低於中位數，另外50％高於中位數。遵循鐘形曲線的資料，中位數正好等於平均值[1]；但中位數的好就好在，即使資料不遵循鐘形曲線，它也仍然能夠發揮功能。遇到各種較不順眼的分配，中位數

確實能夠恪遵自己的角色，將資料均衡分割為「高」、「低」兩組。

若你懷疑某些特質實際上並不遵循鐘形曲線，中位數就會特別好用。例如，假設你去應徵一間只有十來個員工的小公司，他們聲稱平均薪資約為40,000英鎊。這個薪資水準乍聽很不錯──直到你發現，他們的薪資非但不是鐘形曲線分配，甚至完全不對稱，一切就改觀了。你不太可能以平均數預期你的薪資。大多數公司的薪資分配極為偏態（skewed）：大多數人的薪資只是還可以，少數肥貓拿走大部分的餅。若這家公司和大多數公司一樣，除非你應徵的是肥貓職位，不然你應該要問的是，薪資的中位數是多少。薪資的中位數和平均數的差異，可能會讓你嚇一大跳：以「你拿的比較少有限公司」為例，實際上根本沒有人拿到平均薪水，因為肥貓的薪資高得不像話，拉高了平均薪資，但平均薪卻毫無意義可言；反觀中位數薪資，只有普普的25,000英鎊。一般來說，中位數遠低於平均數，表示分配往較低值嚴重偏態；平均數會被偏離值拉高而誤導，在這裡，偏離值就是肥貓的薪資。

偏態分配：醜歸醜，但更真實

偏態分配也許不如鐘形曲線漂亮，但絕不罕見。全世界的男人陰莖形狀就是絕佳範例。我是說陰莖的尺寸：根據研究顯示[2]，平均陰莖長度是13.24公分，但是中位數卻是13.00公分。這揭露了兩個有趣的事實：首先，這表示全球陰莖尺寸的分配情況，是往較小值呈現偏態；其次，這表示大多數男人的陰莖尺寸，真的比

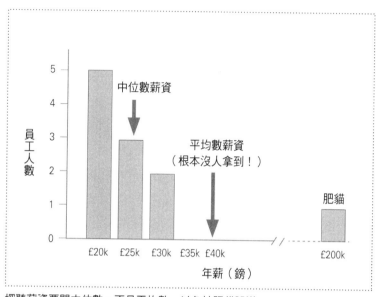

探聽薪資要問中位數,不是平均數,以免被肥貓誤導

平均尺寸來得小。

　　駕駛能力是另一個偏態分配的範例。許多人聲稱自己的開車技術在平均以上[3],這個信念經常被斥為荒謬,並冠以「優越感幻覺」(illusory superiority)。但是,這時還是要當心,不要落入假設一切都是常態分配的陷阱。最起碼在英國,年輕駕駛人儘管只占駕駛人總數的一小部分,卻比大多數駕駛人更容易出嚴重意外。[4] 這意味著駕駛能力的分配,為大多數駕駛人在平均之上的偏態,但是否到自認開車技術優於平均的比例那麼高,尚屬未定之言。不過一般來說,我們對於「大多數的X都優於/劣於平均」

這種看似「愚蠢」的聲明，還是不能夠隨便嗤之以鼻，因為偏態分配隨時都有可能出現。

在自然界，偏態分配的確一點也不罕見，舉凡氣象學、生態學、地質學，在各種領域中都會出現。部分原因在於，現實生活中的現象，多半會落在某個明確的有限範圍裡。以身高為例，若根據鐘形曲線，身高有可能是零，甚至有可能為負，但根據常識，這絕無可能。因此，研究者經常必須針對原始資料做些調整〔即「對數轉換」（log-transform）〕，減低其中一邊極值的隆起程度，把曲線敲敲打打，調整得更接近鐘形。這道手續並沒有聽起來取巧，它等於聲稱該現象是獨立隨機影響相乘的結果，而不只是單純累加。[5]在生命科學、化學和物理學領域，這種「相乘」現象還算普遍。只要舉個好例子，就能讓鐘形曲線擺脫「常態分配」這個誤導的名號，冠上較沒有名氣的對數關係。[6]美麗鐘形曲線的這些「醜姊妹」，也許欠缺吸引人的美貌，卻更能反映這個我們生活在其中的醜陋世界。

平均值沒有意義

不過那些不多思索就直接用鐘形曲線的人，有可能碰上遠比喪失對稱性更惱人的事：他們會發現，拉普拉斯的中央極限定理失效，導致極為荒誕的結果。18世紀的數學家，在研究所謂的「箕舌線」（Witch of Agnesi）時，首度碰到大問題。箕舌線又稱為「阿涅西的女巫」，原因不得而知，不過就它潛伏在資料裡可能會造成的惡果來看，這名字取得恰如其分。乍看之下，它和鐘形曲

線沒有兩樣：中央有個高峰，兩側有完美對稱的斜坡。但是，它和鐘形曲線還是不太一樣，把兩者交疊後，就能一目了然。

箕舌線的高峰比較尖銳凸出，但是兩側斜坡比較和緩，兩端的延伸拖得較久。[7] 數學家稱之為「尖峰態」（leptokurtotic），希臘文的意思是「略為拱起」，不過在現實生活中，碰上尖峰態的人給它起了另一個不中聽的名字：「厚尾」（fat tailed）。從這名字就可以看出，儘管箕舌線看上去很美，卻一點也不討喜。

造就箕舌線的資料，遵循所謂的「柯西分配」（Cauchy Distribution），取名自19世紀多產的法國數學家柯西（Augustin-Louis Cauchy）。儘管柯西分配和鐘形曲線很像，公式也簡單很

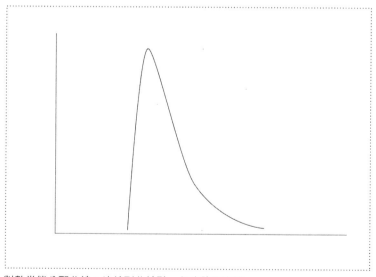

對數常態分配曲線：比鐘形曲線醜，但也許更有用

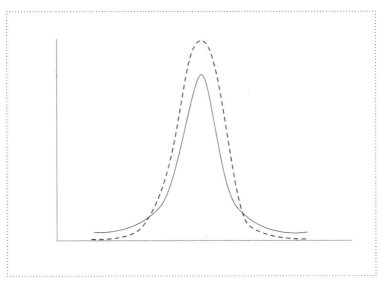

偽裝成常態分配（虛線）的箕舌線（實線）

多，它卻是數學上的大患。首先，遵循柯西分配的資料沒有平均值。當然，如果一定要，也是可以硬算一個，例如取 1,000 個資料點，加總起來除以 1,000──問題在於，這個值完全沒有意義，因為下一個資料點有可能和其他天差地遠，完全改變原本的平均值：你有可能本來在處理一堆 10 和 100 之間的資料，突然之間冒出一個 51,319。對遵循鐘形曲線的資料來說，只要加入愈多資料，就會得到更佳的平均值估計值；然而柯西分配卻不一樣，加入再多資料也於事無補，只會得到一堆不斷在變化的值。

以標準差描述變異程度，情況也一樣。在鐘形曲線，標準差為任一側到中央高峰的離度；柯西曲線顯然也有離度，因此標準

差不是零，但是用 100 個、1,000 個、甚至 1 兆個資料點估算標準差，會碰上和估計平均值同樣的問題：估計結果亂無章法。換句話說，柯西分配的平均值和標準差，不大、不小、不落在中間某處；儘管曲線的形狀看似有這兩個值，但實際上根本沒有。

一般而言，統計學和或然率的教科書不太討論柯西分配，若是提及，通常把它描繪成某種長得很像常態分配、但其實不是的數學怪胎。[8] 然而，這正是我們應該多了解柯西分配的原因：要顯現隨意假設萬事皆常態的危險性，最好的代表例子，莫過於此。在估計特異結果發生的機率時，危險最為明顯。按照定義，特異結果因為罕見，因此會落在鐘形曲線或柯西分配中，距離中央高峰很遠、或然率非常低的尾巴處；但只要看一眼兩條曲線的交疊圖，就知道兩者的答案不一樣。柯西分配的「厚尾」，意味著特異結果的機率，比鐘形曲線更高；至於到底高出多少，計算結果如表所示。

這兩條曲線看似非常相似，但兩者預測的差異之大，令人震驚。由此可見，看起來像鐘形曲線的資料，若不假思索就假定是常態分配，到底有多危險，罕見事件尤其是如此。例如，在常態分配下預期平均每 10 億年才會發生一次的事件，若實際上是柯西分配，那麼它其實每 19 年就會出現一次。這麼看來，摩根大通執行長居然會親眼目睹發生機率是 10 億分之 1 的市場波動，似乎也沒什麼；就連大衛・維尼亞 2007 年的報告中，短短幾天內發生了宇宙存續歷裡永遠不會發生的事件，似乎也不再光怪陸離。至少，對於相信這些事件屬於柯西分配的人是如此。[9] 但是，這有道理嗎？現實生活中的事件，真的會遵循怪異的柯西分配，甚至連

鐘形曲線或然率： 1/X	相當於柯西分配 或然率：1/Y	鐘形曲線對機率 的低估倍數
20	7	3
100	9	11
1,000	11	91
100萬	16	62,500
10億	19	5千300萬
1兆	23	430億

以鐘形曲線評估罕見事件，就等著大吃一驚吧！

平均值也求不到嗎？

金融市場活動不是常態分配

　　由於金融活動率扯到大筆財富，研究人員在過去數十年來，自然是不斷試著要把分配套用於金融資料。也許是因為到處都能看到鐘形曲線，早期的相關研究聲稱，股票價格波動遵循鐘形曲線；然而早在1960年代中期，就已能明顯看出，這只是一廂情願的說法。後來，獲頒諾貝爾經濟學獎的美國經濟學家尤金・法瑪（Eugene Fama），年僅不到30歲時發表了一篇名滿天下的博士論文，指出股價有太多極端擺盪，相較於鐘形曲線，分配的中央高峰較尖銳，尾巴比較肥厚——換句話說，就是比較像柯西分

配。[10] 不過法瑪發現事情更為有趣：柯西分配和鐘形曲線，都只是分配大家庭裡的特例，若是採用這個大家庭裡的其他曲線，就能更貼切地解釋股價資料。這種神祕難懂的曲線叫做雷維穩定分配（Lévy-stable distribution）[11]，可以像鐘形曲線一樣溫文，也能像柯西分配一樣狂野。[12] 法瑪發現股價波動的分配狀態，介於這兩者之間。

沒人知道事情為什麼會這樣。股價表現顯然至少違反了鐘形曲線背後中央極限定理的某一條「條款及細則」，而最有可能的就是「獨立性」這一條。畢竟大家都知道，投資人就跟羊群一樣，會一窩蜂買進「火紅股」，或是拋售「狗股」。然而法瑪發現，任何一天的股價，與過去16天內的股價，多少算是獨立。若股價獨立的假設沒有問題，那麼還有哪裡可能會出問題？法瑪在股票市場的激烈波動中，找到了蛛絲馬跡：股價就和柯西分配一樣，標準差不但大得出奇，還可能突如其來。這種走勢無法用中央極限定理穩定，鐘形曲線就會被扭曲成尖峰和厚尾；兩個現象合在一起，就會變得更加危險。

過去數十年裡經歷過金融市場上沖下洗的人，對此應該不意外。真正讓人羞愧的，是我們早在半個世紀前就已經知道這一切。法瑪等學者早就指出，雖然任何一天的股價可能遵循鐘形曲線，但仍然有可能出現突如其來的驚人波動。因此，若是依據鐘形曲線估計蒙受某種程度損失的風險，這件事本身就充滿風險，甚至是不負責任到了極點。然而儘管如此，在風險預估行業甚至金融產業，鐘形曲線仍舊屹立不搖。

極端事件的分配

　　柯西分配是鐘形曲線的邪惡雙胞胎，以俐落的高峰和優雅的尾巴，偽裝成它溫和有禮的姊妹，卻能夠盡情使壞。不過「惡不孤，必有鄰」，冪次分配（power law distribution）的惡行惡狀，與柯西曲線、雷維穩定分配大家庭裡的近親如出一轍；舉凡地震、森林火災、個人財富，各種現實生活現象都能看到冪次分配潛伏其中。就數學上來說，冪次分配遠比鐘形曲線簡單，卻和鐘形曲線一樣，在現象發生規模與盛行率間串起關聯。

　　這些曲線的起源，似乎和它們對應的現象一樣各有不同[13]，但都具有同樣的基本外貌：沒有中央高峰，只有往下暴跌的懸崖，延伸出長尾，反映它們所描述現象的關鍵特徵：規模愈大，愈罕見。以地震為例，大多數的地震微弱到甚至無法察覺，有些地震讓人心慌，還有罕見的毀滅性地震。地震學家可利用歷史記錄，把地震的規模和發生頻率，更加精確地確定下來，從而得到所謂的「古芮關係式」（Gutenberg-Richter relation）。關係式指出，芮氏規模6到7級之間的地震，發生頻率比芮氏規模5到6級之間的地震低10倍，而芮氏規模7到8級之間的地震，發生頻率又比芮氏規模6到7級之間的地震低10倍。發生頻率依此遞降，正是冪次分配的典型特色，就地震的例子來說，這關係不但簡單，而且表現非常一致。

　　我們起碼能從地震資料獲得穩定的規模平均值——換成柯西曲線，就甭想了。然而，並非所有的冪次分配都這麼溫和可人：太陽焰、森林大火以及人類衝突等現象，看似都遵循冪次分配，

然而別說是平均規模，就連可信的範圍區間，都無法獲得可靠的預估值。這些現象的冪次分配，和柯西曲線一樣，很不願意讓我們得到統計數據。這在實務上會導致嚴重的後果，比方說，若連大型森林火災的平均規模都如此難以預估，又要如何因應相關的風險？冪次曲線的存在，也會使我們對那些誤以為遵循鐘形曲線的現象，產生不牢靠的見解。[14] 研究者未經深思熟慮，計算平均值等基本統計數據，渾然不知影響資料的冪次分配，可能會使得這些統計數據完全沒有任何意義。就如同即將談到的，這也會使分析資料和尋找模式的標準方法失靈，在嘗試複製由這些資料與模式而來的結論時，遭遇挫敗。

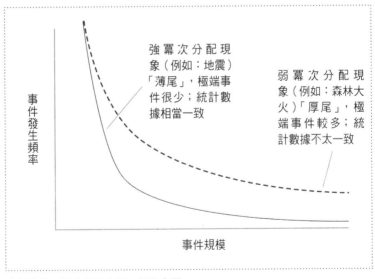

奇怪的是，冪次分配愈弱，尾巴愈厚

　　簡而言之，這些難以捉摸的分配模式，足以傷害科學方法，因此構成根本的挑戰：我們是否該接受它們的存在，學習如何共存共事？還是繼續相信那些簡單、優雅卻錯誤的現成模型？

┃這樣思考不犯錯┃

　　現實世界裡有各種現象，看似純屬常態，實際上根本不是。更糟的是，這些數學怪物的資料，看起來溫馴無害。除非能夠揪出這些怪物，小心處理，不然它們可會讓你的研究變成笑柄。

30

走極端，以測安全

　　把全球性危機怪罪於單一個人，這種想法很少能說得通。不過，就2007至2008年的金融市場崩潰來說，亞倫・葛林斯潘（Alan Greenspan）這個名字，比任何名字都經常浮現。葛林斯潘從1987年到危機爆發前幾個月，一直都擔任美國聯準會主席，換言之就是全世界最大經濟體的中央銀行體系頭頭。批評者說他在這段期間，出於幾近信仰的自由市場信念，不斷放寬金融監管，結果造成貪婪不受約束，槓桿和曝險程度高到瘋狂，最終釀成幾兆美元損失的大災難。

　　把矛頭指向葛林斯潘的證據沒有少過，最起碼他在2008年，出席眾議院聽證會時，承認這是出於「我的過失」（mea culpa），他對於任內發生的事「感到震驚錯愕，無法置信」。然而對於金

融風險模型採用危險的假設，他也是率先表達擔憂的人十之一，這點值得給他肯定。1995年，葛林斯潘對各國央行人士發表演說時，就曾經警告這些模型「不當使用」鐘形曲線，有可能低估異常事件的發生機率。從那時起，異常事件層出不窮，令那群人坐立難安。當年2月，全世界最著名的商業銀行霸菱銀行，有個名叫尼克‧李森（Nick Leeson）的營業員，交易損失超過8億英鎊（相當於現今15億英鎊），致使銀行倒閉轉賣。接著，日本的大和銀行發現，他們也有一名有失檢點的營業員，捅出類似的大麻煩。在葛林斯潘眼中，這些教訓很清楚：央行必須把自己當成保險公司，即使碰上金融災難，也要能應付。葛林斯潘認為，這表示央行也要多採用保險業因應驚人事件愈來愈倚靠的數學工具：極值理論（Extreme Value Theory, EVT）。

牆該築多高？

早在18世紀初期，或然率理論的先驅之一，尼古拉‧白努利（Nicolaus Bernoulli）就已經認識到，極值的意義不僅是落在常見分配之外的值。然而，儘管極值顯然很重要，卻要再經過200年，才發展出能夠解釋極值的理論。在1920年代，聰明絕頂的統計學家羅納德‧費雪與門生李奧納德‧提培特（Leonard Tippett），證明了極端事件有專屬的特殊分配。[1] 這些分配後來整合為單一公式，名為廣義極值分配（Generalised Extreme Value, GEV），形狀可用極值事件的資料調整。調整過的曲線在數學上顯得有些奇怪，不過仍可反映一般認知：事件愈極端，愈不可能發生。最重要的

是，這些曲線在細部的預測，與鐘形曲線迥然不同。

保險公司的經營模式，經常處於極端事件的威脅，因為他們始終致力於鑽研極值理論。這些年來，精算師會運用如「20-80」等經驗法則，猜估各種災害可能發生的風險——20-80法則是指，超過80％的理賠總額歸屬於20％的災害事件。[2] 到了1990年代中期，財經數學家保羅・安布瑞希茲（Paul Embrechts）與瑞士蘇黎世聯邦工學院的同事，採用極值理論檢驗這些規則的有效性。他們發現20-80規則確實適用於許多保險領域，不過一旦失靈，情況就會變得非常糟糕。該團隊運用極值理論研究過往資料，發現颱風損害適用的是0.1-95規則；換句話說，雖然所有颱風都會造成潛在威脅，然而真正會造成嚴重損害的，一千個裡頭才有一個，然而這個颱風卻會一次吞噬95％的理賠金。這類研究發現可使保險公司的曝險程度最佳化，在合理的保費下擴增保險涵蓋範圍，對保險公司及客戶都好。

極值理論如今也用於保護身家性命受天然災害威脅的人。實際上已經有個國家，以極值理論的預測賭上未來。1953年2月，巨大的暴潮襲擊歐洲北海海岸，洪水造成超過2,500人喪生，其中有1,800人住在荷蘭，當地數百年歷史的防洪工程完全遭淹沒。荷蘭政府決心不讓後代子孫悲劇重演，因此組成專家小組，設計一個造價既不會讓國家破產、又能達到標準的防洪工程。根據小組估計，沿岸防洪工程只要高出海平面約5公尺，應該就足夠。

這個數字可靠嗎？記錄顯示，1953年的洪災並非絕無僅有，荷蘭在過去一千年內已蒙受數十次嚴重水災。1570年11月1日萬聖節，荷蘭就被超過4公尺的暴潮毀得面目全非，造成數萬人喪

生——這次的潮水比1953年還高出15公分。荷蘭政府擔心防洪工程可能不足，於是組織了研究團隊，由鹿特丹伊拉斯姆斯大學極值理論專家羅倫斯‧迪宏（Laurens de Haan）率領，評估5公尺的防洪工程是否足夠。團隊利用歷史洪水資料，繪出可解釋過往巨洪的極值理論曲線，以推斷未來的洪水情況。他們發現，原建議的5公尺標準，在幾百年內應該都沒問題。

門檻該設多高？

　　這個標準能否禁得起考驗，還有待觀察。就如同我們已經發現，無論數學模型看起來有多麼完美，盲目地相信它們絕非明智之舉。此外，極值理論的可靠程度，絕對有可置疑之處，因為正如同鐘形曲線，極值理論驚人的強大威力，也有一長串的「條款與細則」。繪出最佳極值理論曲線所用的資料，就是影響極值理論是否適用的關鍵因素之一。極值理論一如其名，需要用到極端案例，但怎樣才算是「極端」？爬梳歷史資料時，必須設定門檻，但要設在哪裡？門檻太低，就會納入太多普通案例，使曲線變得不準確；門檻太高，資料集會過度稀薄，導致曲線模糊不精確。此外，讓我們不能採用鐘形曲線的那個關鍵問題，在這裡也同樣成為阻礙：是什麼因素形成這些資料，這些因素是否獨立而不變？根據過去幾百年的氣候變遷資料，以颱風、洪水和風暴這些現象而言，這些假設確實大有問題。

　　極值理論也無法免於最詭異的統計怪病毒害：它具有不穩定的平均值和範圍。有些類型的極值理論分配，就和冪次分配以

極端人生：連敗紀錄

自1950年代以來，全世界的一般預期壽命，從45歲上升到超過70歲，如今許多已開發國家更高達80歲以上。這股趨勢顯然無法永遠持續下去，但會停在幾歲呢？我們對於人類壽命的了解，能否用來估計人類最長可以活多久？伊拉斯姆斯大學的羅倫斯・迪宏及同事，檢視「耆老人瑞」的壽命紀錄，然後應用極值理論，推估人類的終極壽命，最後算出的數字大約是124年。[6]當時，史上活最久的人仍然在世——居住在法國亞爾市的雅娜・卡爾芒（Jeanne Calment），13歲時還曾經見過梵谷呢！她在1997年以122歲高齡去世，只比運用極值理論算出的上限少兩年。目前看來，這個上限應該還可以維持好幾年沒有問題。

雖然極值理論背後的理論很複雜，不過採用一個比較簡單的版本，就可以解釋生活中最惱人的極端事件之一：漫長的連敗紀錄。這個簡單版本的公式[7]，有驚人的意涵。比方說若擲50次銅板，你就要有心理準備，可能會看到連續擲出3次、5次、甚至7次正面（或反面）。連續擲出正或反面的次數，遠比大多數人預期的來得多。這個例子有助於你了解連敗紀錄的本質。

這也可以解釋英國賽馬分析師湯姆・席格（Tom Segal），在《賽馬郵報》（*Racing Post*）著名的預測連敗紀

錄。席格用「訂價精明」（Pricewise）為筆名，素以推薦
冷門黑馬命中率不低而著稱。冷門賽馬贏得比賽的時候不
多，不過一旦勝出，就會大賺一筆。席格在2011年，一
連26次預測失準，他的許多追隨者開始擔心他是不是不靈
光了。不過，根據極值理論，以席格所預測的懸殊機率來
說，就算在一年中連續失準32次，都算完全正常。當然，
他的衰運幾週之後就結束了；那些對他仍然保持信心並聽
從建議的人，席格為他們贏得了20%的優渥報酬。

及類柯西曲線一樣，相當反覆不定。有人研究過銀行所蒙受極端
損失的真實資料，發現資料曲線經常沒有定義完善的範圍或平均
值。[3]這使得風險預估變得非常不穩定，只要增加一點資料點，風
險數據及潛在損失就全然改變。[4]

　　要聽從葛林斯潘的提議，在金融模型中使用極值理論，顯然
並非易事。雖然極值理論仍在發展中，但由於它比鐘形曲線更容
易過度謹慎，因此人們不斷努力，試著解決相關問題。最難以接
受極值理論的，也許是金融機構，因為在金融崩潰之後，監管單
位要求金融機構，必須留有足以應付壞帳的準備金，以免哪天又
需要紓困。計算準備金水準，是風險模型的一大挑戰；使用極值
理論計算的準備金，顯然遠多於用鐘形曲線的計算結果。[5]問題是
銀行不喜歡未雨綢繆，不樂見金庫閒置大量現金，於是金融監管
單位允許它們選擇預備金的計算方式。

銀行會為了避免再次碰到金融崩潰的風險，而捨棄鐘形曲線誘人的纖尾，轉而選擇成本極高的極值理論厚尾嗎？自葛林斯潘在1995年提出建言後，最起碼出現5次重大金融危機，由此看來，我們只能說：別抱太大指望。

這樣思考不犯錯

從詭異天氣到金融動盪，在這個飽受極端事件困擾的世界，極值理論可將歷史記錄轉化為洞見，讓我們知道情況有可能會變得多糟。假設未來和過去一樣是很冒險的事；但若你覺得未來可能很危險，還是得猜一猜。

31

尼可拉斯・凱吉新片
上映期間，泳池勿近

　　所有的科學家都想要做出能夠改變人類對生命、宇宙、甚至現實本質看法的研究發現；不過，大多數科學家能夠有些引人側耳的見解，就已經很不錯。就這個標準來說，泰勒・維根（Tyler Vigen）極為成功。他的研究發現，全世界都在報導，研究發現的多樣性、意外程度及數量，都令人嘆為觀止。迄今為止，他已揭露數萬條費解的見解，而且還繼續發表個沒完——更準確地說，是他的電腦繼續發表個沒完。

　　做出這些研究發現的，並不是維根本人。他把這項工作留給電腦，自己只負責寫程式，讓電腦去做科學家過去幾十年來一直在做的事：爬梳資料，找出變數之間的連動關係。這項技巧讓科學家有許許多多的發現，舉凡輻射量與罹癌風險之間的關

聯，到恆星性質與宇宙擴張之間的關係，都是運用這項技術的結果。維根的電腦用的是同一套方法，分析資料、找出「高度相關」的變數，亦即以隨機資料集套用公式，得到所謂的「相關係數」（correlation coefficient）。相關係數的範圍介於+1到-1之間，+1表示一個變數的數值如果很高，另一個變數的數值也會很高；0表示變數之間沒有模式存在；-1表示一個變數的數值如果很高，另一個變數的數值就會很低，反之亦然（詳見下圖）。[1]

　　維根的電腦在資料集中，將變數兩兩配對，尋找有哪些變數，會產生接近+1或-1的極端相關係數。兩個變數若確實有很強的關聯，理應就會具有極端的相關係數。相反地，相關係數若接近0，就表示這兩個變數欠缺任何關係，因此就不必深究。維根把這整個過程自動化，創造出一台「發現引擎」。

　　這台「發現引擎」所發現的事情，當然會改變我們的看法——不過不是對現實的看法，而是對由同一套方法而來的頭條研究發現，應如何看待它們的可信度。維根不是科學家，我撰

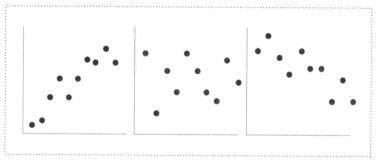

三類相關程度：+0.85、0.0、-0.85——都有可能很重要，也有可能毫無意義

寫本書的當下，他還是哈佛大學法律所的研究生。不過，他讓電腦在資料充斥的網路上，大肆追尋變數之間的相關性，然後把結果公布在自己的網站上，正好可以讓我們有所借鏡，不時提醒自己，不加思索就任意應用最流行、但也最常被濫用的科學概念，會是何等危險。

有趣是有趣，但真的假的啊？

維根任電腦一直跑下去的結果，已經發現了一堆瘋狂至極的相關性。例如（若你對這些結果真的照章全收）：尼可拉斯．凱吉絕對不可以再拍電影，因為他的演出與游泳池溺斃事件大有關係（相關係數+0.67）；美國應該禁止進口日本汽車，因為日本汽車與撞車自殺大有關係（相關係數+0.94）。維根的電腦所發現的重大線索中，有一條是晚上睡前吃乳酪極為不智，因為乳酪的人均消耗量，與被床單纏斃有非常強烈的相關性（相關係數+0.97）。若你的人際關係有問題，你也許應該考慮搬到消費人工奶油較少的地方，因為維根的電腦顯示，人工奶油的人均消耗量與離婚率極度相關——不過僅限於美國緬因州。

這些發現都很有趣，無怪乎維根的網站點閱數已經超過500萬次。畢竟這些「發現」與媒體經常報導「根據科學家指出」之類的研究發現，極為相似。如果你認為正經科學家對這種胡說八道根本不屑一顧，能這樣想固然很好，不過維根的網站有個更重要的課題：他的「發現」大多具有統計顯著性（即經常在研究過程做為標準檢驗，以評估研究發現是否僅出於毫無意義的偶

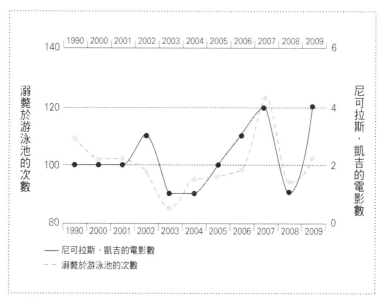

尼可拉斯‧凱吉一出新片,你最好離游泳池遠一點

然)。[2] 因此,若要把這些荒唐的發現擋在嚴肅的研究文獻門外,大多數研究者所仰賴的技巧,實在太過貧弱。我們必須另覓他途。

直接剔除光怪陸離、絕無可能的發現,是最顯而易見的方法。最能讓我們對這些相關性一笑置之的,就是它們的荒誕。比方說美國從挪威進口的石油量,與駕駛被火車撞死的案件數,兩者的顯著相關係數高達+0.96,但這種相關性顯然荒謬透頂。至於其他的相關性,只要瞧一眼原始資料背後的實際數據,也能不攻自破。就以尼可拉斯‧凱吉電影的致命效應為例,這個努力拍片的傢伙,十多年來每年都會在好幾部電影裡露臉,不過就算勤奮如他,一年也很難拍超過三部片子;換句話說,他的拍片量相當

穩定。以此來看，他與忙於穿梭在美國各地游泳池之間的死神，可謂不分軒輊。維根的電腦用以爬梳這層關聯的十年資料中，每年約有100起游泳池溺斃事件，最少是85起，最多不超過123起。出於巧合，這兩個高低峰正好發生在凱吉拍片量最少及最多的那兩年。由於資料集非常小，這兩個極端資料點的巧合，淹沒了其他常見數值的微弱證據——因而讓我們誤以為，凱吉與死神一搭一唱，犯下謀殺案（相關係數+0.66，令人毛骨悚然）。

資料量少的時候，這種「異常值」很容易製造或破壞相關性。它們經常被當成「實驗誤差」或其他失誤所造成的衍生物，然後在美其名為「資料清理」（data cleaning）的過程中被刷掉。凱吉電影與溺斃事件一例中，對資料集進行資料清理，會把相關係數減半，使其變得不具有顯著性。然而在真正的科學研究中，要把這類資料清理的行為合理化，往往不是那麼簡單。若是處理諸如氣候現象或經濟因素等遵循冪次分配的事件，異常值有可能完全合乎實情。[3]

吃冰淇淋會導致曬傷？

尼可拉斯・凱吉顯然是清白的，不過維根的「發現」並非所有都可以輕易一笑置之。例如，美國高爾夫球場的總收入，與美國人花在觀賞運動的金額，兩者之間真的毫無關聯嗎（相關係數+0.95）？也許這反映出觀看高爾夫球比賽的人，自己也手癢想下場揮個兩桿？也有可能是打高爾夫球的人，一般來說本來就熱衷於觀賞運動比賽？我們無法從高相關係數得知關連何以存在，或

是否真的存在——老話一句，相關不等於因果。統計顯著性也無法為關聯的「顯著性」背書，雖然許多研究者似乎這麼認定。切記，統計顯著性只是在量測，假設相關性純屬僥倖，能得到最起碼同樣令人印象深刻結果的機率是多少；統計顯著性完全沒有提到，假設本身是否真的成立。就如同先前多次提及的，要回答這個問題，需要貝氏定理；在此應用貝氏定理還有個好處，就是能讓我們把對於相關性的事前想法納入考量。原則上，這可讓我們掌握到相關性純屬僥倖的機率是多少。

不過，這裡還是有些玄機：相關性有可能確實存在，但可能會聲東擊西誤導你。相關性可能是某個潛藏混擾因子（confounder factor）的產物，也就是把兩個本身沒有關聯性的變數，串連在一起的媒介。如嚴重曬傷與防曬乳霜的銷售量，兩者無疑顯著相關；不過，嚴重曬傷與冰淇淋、冷飲的銷售量，同樣顯著相關，難道這表示冰淇淋與冷飲會導致曬傷？當然不是！這是因為有個混擾因子，把這些變數全部串在一起：太陽。

話雖如此，混擾因子造成的結果有時令人莞爾。沒人知道鸛鳥送子的傳說在何時、又是如何流傳開來的（鸛鳥俗稱「送子鳥」）；然而有幾項研究發現，很多國家的鸛鳥數量與嬰兒出生率，兩者之間有具統計顯著性的強烈相關，這在統計學家圈內已是傳奇。與鸛鳥數量和嬰兒出生率都有關聯的陸地區域，是可能的混擾因子。[4]

人為什麼會變笨？

不過，混擾因子的效應並非總是如此有趣。除非有人發現並

糾正，不然混擾因子最後可能會影響公共政策。吸食大麻與許多健康風險有關，連沒碰過大麻的人也知道大麻會傷害智力。2012年，某頂尖期刊有篇研究證實了這點。研究發現人類倚賴大麻的時間，與智力減損有很明顯的關聯。[5] 研究者知道他們必須避免混擾因子的愚弄，因此把飲用酒類、吸食烈性毒品的因素也納入考量，然而結果顯示效應仍然存在：那些在青少年時期就吸食大麻成癮，並且持續重度使用大麻的人，到了30多歲晚期時，智力會減損8點。

且慢，人類不是本來就會隨著年歲增長，腦袋也愈不靈光嗎？確實有可能，所以研究者也把這點納入考量，與另一組年齡相仿、但是從未碰過大麻的人做比較（奇怪的是，這些人的智商實際上稍微增高了一點）。然而儘管如此，研究者還是碰到處理混擾因子時經常遭遇的麻煩：排除的混擾因子愈多，排除在最終分析之外的資料點也就愈多。研究群體最初有1000多人，最後只剩下幾十個人完全不受濫用酒精、烈性毒品等混擾因子影響。該研究團隊也承認，這些恐怕也不會是唯一有可能產生混擾效應的因子。然而即便如此，由於這項研究證實了「人人皆知」的「長期毒癮者會變笨」，因此仍獲得媒體大篇幅報導。

可是，才沒幾個星期，這項研究的結論就受到挑戰。有人質疑它未把其他混擾因子納入考量。其中有個有趣的現象是，自從1930年代以來，許多國家的智力測驗成績有所提升。這就是所謂的「弗林效應」（Flynn Effect），意指生活在今日的人，比他們的祖父母輩來得「聰明」許多的現象（至少在智力測驗表現較佳），其成因為何仍有爭議；不過發現這個效應的詹姆士‧弗林（James

Flynn）指出，有可能是生活環境中類似智力測驗的工作愈來愈多，因此對這些工作特別拿手的人，就會得到愈來愈多磨練智力的機會，從而使這個效應益發明顯。

無論你如何解釋弗林效應，顯然任何與智力隨時間變化有關的研究，都必須將它納入考量；把這個效應用於大麻與智力的相關性研究，就很容易取代長期使用大麻的效應，成為影響智力的主因。[6] 那麼，這是否表示此後可以安心吸大麻？恐怕不是，因為弗林效應只是一個潛在的混擾因子，尚未證實。然而相關性研究會受到混擾因子嚴重影響，卻是不爭的事實，因此即使我們已經獲得了「正確」答案，仍然需要繼續尋找混擾因子。對於像二手菸這種頗有爭議、但經常碰到的風險來源相關研究，這顯得格外重要，因為這些現象在其他研究中，本身就是混擾因子。[7]

別上統計數字的當！

這一切可能會讓你覺得相關性處理起來很棘手，一不留神就會一腳踏進陷阱裡。不過，有些警兆可以參考，一旦發現它們，就一定要提高警覺。首先是原始資料是否經過層層包裝，使得它看起來比實際上來得更為簡潔。有個顯而易見的做法，是把所有的量測結果加起來平均，然後再找相關性；平均法能化散落無章的資料點為漂亮簡潔，從而凸顯相關性 —— 很多「軟性」科學的研究者都會如此處理資料。有本教科書裡有個範例指出[8]，美國各州年齡在25歲到34歲的男性，教育程度與收入之間的相關係數為+0.64，顯示學校教育有多重要。然而若是改用個人普查資料，

分析的變異性會使相關係數降到約為 +0.44。

資料的散布若違反簡單相關性理論的立論基礎之一（即變異情形相當恆定），「資料清理」就會產生極為誤導的結果。比方說原始資料若是來自品質參差不一的不同來源，或是有些地方產生的資料點比較少，分析結果就可能較不具確定性，得出的相關性也較易誤導。嚴重健康風險的相關研究，特別容易受到這點影響，因為低度曝露於危險因子的人通常很多，高度曝露的人相對少數，因此隨著曝露程度增加，不確定性與散布程度也會隨之增加。

資料的散布可能源自變數本身。可能有某些未知因素作祟，或者某個變數根本不具有定義妥當的變異數；就如同我們先前所見，自然界裡有很多這種現象。這些效應有好幾個同時發生，也是有可能的。總之，若想用簡單的方法，以漂亮簡潔的平均值粉飾太平，也許能畫出比較有說服力的圖表，然而如此所產生的相關性以及其他推論，卻有可能大錯特錯。

相關係數自從首度應用以來，就一直有人提出警告，只要對資料簡單動一兩個手腳，就可能會損及可靠度。發展相關性基本理論的數學家卡爾・皮爾森，就曾經警告研究者，採用「每千人」、「每個月」之類依比率計算的相關係數，可能會出問題。這些相關係數經常用於商業和學術研究，好讓一切都「在同樣的立足點上」做比較，然而無論是理論研究或實證研究，都顯示皮爾森的擔憂不是沒有道理[9]：根據比率相關係數聲稱變數具有「關聯」的案例實在太多，令人憂心。

半個世紀前，備受讚譽的統計學家澤吉・內曼（Jerzy Neyman）就曾經指出：「自古以來，似是而非的相關性一直在毀

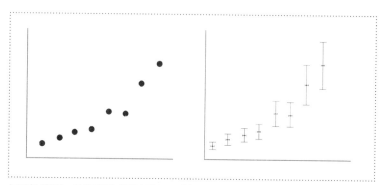

相關性資料：乾淨俐落的簡報版 vs. 亂無頭緒的原始資料

壞實證統計研究的成果。」考證相關性是否可靠，再加上「有關聯並不表示有因果關係」的古老箴言，能夠使我們免於小題大作的危險。不過我們也不該忘記，這話反過來說也成立：欠缺關聯並不表示沒有關係。畢竟簡單相關性理論的「條款與細則」，是假設那個相關性屬於線性，然而實際上卻有很多相關性不是線性。

　　看一眼下一張圖，你就懂了。乍看之下，圖中資料似乎呈現某種關係，然而簡單的相關性理論卻說沒有：相關係數僅 0.36，p 值低至 0.25，談不上顯著性。然而，這兩個數字其實只透露兩件事：首先，若資料存有某種關係，必然不是一條簡單的直線（光是看圖，就能看出這點）；再者，p 值顯示，這麼差的直線關係，純屬僥倖的機率相當高（這個見解實在沒什麼用）。即便如此，若我們也像許多使用統計方法的人一樣，忽視簡單相關性理論的限制（假設我們知道它有限制），把高 p 值誤解為「結果純屬僥倖的機率」，就會做出「資料不具任何關聯性」的結論。前述在各方面都違反常識（一個常遭濫用的字眼）──而且保證你去日本旅遊

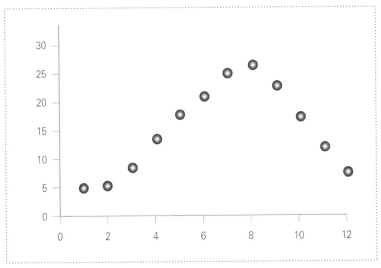

圖中資料顯然有些端倪，除非你不經思索就運用相關性分析

時會付出慘痛的代價，因為這張圖是東京的每個月常見氣溫（攝氏），絕對真實而顯著。[10]

｜這樣思考不犯錯｜

相關性就和巧合一樣，若我們能明白，找出相關性有多容易，就不會拿它們小題大作。有一些強而有力的方法可以量測相關性，不過若是過度執著於「這裡頭一定藏有模式」，相關性分析反而可能產生誤導。

32

如果這樣，會怎樣？

　　能把物理定律運用到淋漓盡致的組織，莫過於美國太空總署（NASA）。2006年1月，NASA以時速約5萬公里的速度，把一個如平台鋼琴大小的物體，往45億公里外的移動目標發射。這個物體是名為新視野號（New Horizons）的探測器，在九年後飛掠冥王星，只比預定時程提前72秒：這相當於在30公里外揮桿，還能一桿進洞。NASA之所以能夠完成如此偉業，是因為它旗下的科學家跟工程師都聰明絕頂，而且這項計畫其實沒有什麼變數需要擔心：任務規劃者與任務目標之間，只有真空橫亙其中，只要運用重力定律，再稍加調整，就能做出驚人的可靠預測。他們能夠信心滿滿地宣布，只要成功在某年某月某日，以某速度、某軌道成功發射升空，探測器就會在某年某月某日抵達某處。

　　回到地球上，事情就沒有那麼單純，不過有無數情況都會出現同一個問題：「如果這樣，會怎樣？」如果溫室氣體繼續增加，全球氣溫會產生什麼變化？如果調高產品售價，對銷售額有什麼影響？如果現在這樣，之後會是怎樣？

畫直線的藝術

　　要回答這種問題，目前最常用的方法，是兩百多年前為了解答天文問題而發明的。因發明鐘形曲線而聞名的德國學者高斯，似乎就是用這個方法，才能在1801年「重新」發現第一顆已知的小行星穀神星。這個方法就是最小平方法（method of least squares），或稱線性迴歸法（linear regression），雖然這個名字也沒有比較好懂。基本上，這個方法就是在一堆亂無章法的資料裡畫出一條直線，但這條線並非隨便畫的，它是一條最適線。「最適」的精確定義偏技術性[1]，不過基本而言，若要如右頁圖般畫一條盡可能貼近最多資料點的線，它必須精確符合某些數學條件。

　　有了這條從資料取出的最適「迴歸線」（任何試算表軟體都能代勞），我們就有了各種可能。我們可以用這條線，把資料中的空隙補上，也可以用這條線的斜率，估算改變一個變數對另一個變數的影響。我們還可以看到這兩個變數在什麼時候會變成零，甚至能用這條迴歸線，得到超出資料以外的資料。想像一下：若你能根據金融市場在不同時間的股價資料，用線性迴歸法得到最適線，以預測明天、下週、甚至好幾個月以後的股價──你可要發財了！

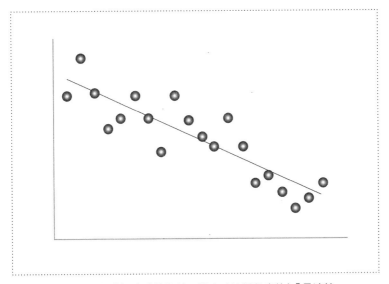

用線性迴歸法，穿越亂無章法的資料，找出（某種程度的）「最適線」

你讀這本書都讀到這裡了，應該已經猜到這裡一定有什麼地方不對勁。但你可能不知道，有多少平常聰明絕頂的人，竟然沒有猜到這件事。用線性迴歸法在資料中尋找關聯性，最根本的問題一如尋找相關性：資料本身到底有無任何關聯，都還很難說！即使是經過深思熟慮，從相關性裡導出因果關係，都已經是很危險；若是不加思索就這麼做，得到的結果經常會令人啼笑皆非。只要在試算表上點幾下滑鼠，線性迴歸法就能演繹出精巧的「凱吉定律」數學式：

溺斃次數 = 5.8 x 尼可拉斯・凱吉的電影數目 + 87

　　錦上添花的是，它不但具有凸出的高相關係數（+0.67），還有統計顯著性（p值 = 0.025）。如果要當真，這個迴歸方程式透露，凱吉先生每拍一部新片，就會多造成六人溺斃。不過當然不會有人把這當真，這條定律明顯是胡說八道，因為……它就是胡說八道。這裡有個迴歸分析的問題：它完全沒有提到做迴歸分析是否有意義。希望有一天能出現一種試算表軟體，當你在資料中尋找關聯性時，可以偵測不當的迴歸分析，並且在你畫出最適線時出現一行訊息：「你知道這是亂搞一通吧？」

因為重要，不能全部交給電腦

　　若以為所有的資料都可以畫出一條簡單的直線，不管資料其實反映的是更複雜的事物，這時情況會變得更微妙。徵詢電腦軟體的意見沒有意義，因為軟體就和科學怪人忠誠的助手伊格一樣，你說什麼它就做什麼，完全不假思索，完全不管後果有多可怕。就算資料點的分布形狀看起來像麵包夾香蕉，線性迴歸法也會照樣畫出一條穿越資料的最適線。

　　線性迴歸法甚至讓我們恣意扮演上帝，預測未來。為什麼不？若能用線性迴歸法，找出產品銷售量隨廣告支出的變化，為何不能預測銷售量如何隨著時間而變化？完全說不過去——只是你沒想到，時間並非只是一個變數。線性迴歸法有個壞習慣，喜歡把事物串聯在一起，這樣會引發一個老問題：違反數學工具說明裡小字體的「條款與細則」。

　　深藏在小字裡的線性迴歸法「條款與細則」中，有一項

是：「最適線」穿越資料點時，所造成的誤差不能具有模式。
這聽起來既麻煩又複雜，不過往往又很重要，因為這正是經過
一段時間之後，資料會出現的現象。景氣循環、季節效應、
簡單動能等事物，都有可能在資料點裡反覆穿梭，造成自相
關（autocorrelation），因此任何根據迴歸結果所做的預測都是徒
勞。幸好在時間序列分析（time series analysis）這個龐大又迷人的
學門裡，有一堆因應這個問題的技巧。壞消息是，你必須具備專
家級的知識，才能善用這些技法；更糟的是，就連那些具備專家
知識的人，仍然可能、也確實會碰上麻煩。

谷歌專家也會陰溝裡翻船

就以「谷歌流感趨勢」（Google Flu Trends，GFT）為例，據
說它能預警哪裡會爆發致死的流感疫情，因而轟動一時。谷歌資
料分析師以及美國疾病控制與預防中心（CDC）的專家，2009
年在《自然》期刊發表論文，聲稱比CDC提前一兩個星期發現
2007/08年的流感季節。[2] 他們查閱谷歌經年累月儲存的龐大歷史
資料庫，尋找流感疫情爆發與谷歌搜尋詞彙之間的相關性。研究
團隊把猜測哪些詞彙較具有預測能力的工作交給電腦，嘗試了多
達4億5,000萬個模型，結果最佳模型一共採用45個搜尋詞彙，與
未來疫情爆發的相關係數，達到令人讚嘆的0.97。

這是數據分析力了不起的展示，GFT有段時間似乎揭開新時
代的序幕：巨量資料搭配運算能力，彷彿為年老力乏的迴歸法及
相關性分析注入新活力。然而這些技巧的「條款與細則」仍然有

效，很快宣告自己的地位不可動搖。GFT演算法才初登場就跌了一跤，完全沒預測到2009年的流感疫情，程式設計師不得不趕快寫修正檔，卻無濟於事。比起CDC的傳統方法，GFT的預測能力非但高明不到哪裡，而且較易高估疫情規模。2014年，一支傳統的資料分析師團隊，發表一篇不留情面的GFT績效分析報告，指出其不當之處，包括未能處理時間序列與自相關等眾所周知的問題。[3] 谷歌在隔年關閉GFT網站，並提供資料給任何自認能夠做得更好的人。這些資料絕對可能藏有預測疫情的實用「信號」；然而要用什麼方法才能找到信號，甚至是否值得嘗試，就不是那麼明確。

數字會說話，但也會胡說八道

然而這裡有個不容否認的見解：早在推出GFT之前，就有人聲稱只要有巨量資料，就不再煩惱「條款與細則」，甚至也不用知道箇中玄虛；只要把資料送進電腦，無論什麼事物都能夠拿來比較，直到電腦找出最有可能的相關性為止。我們不需要了解資料，用不到模型，甚至連直覺都免了；就如同某名大言不慚的評論家所言：「只要有足夠的資料，數字自己會說話。」[4] 然而，就如同某位備受讚譽的資料專家所言，GFT的重大挫敗顯示這句話根本「純屬胡扯，完全亂講。」[5] 事實是光鮮亮麗的「大數據」，和「小數據」沒有兩樣，都受到麻煩但重要的「條款與細則」約束，而且有更多陷阱。任何抓把數位鏟子就想到寬廣的資料集裡淘金的人，都應當謹記：如果連谷歌最優秀的人才，到頭來都只

資料探勘：資料規模不能當神主牌

資料探勘是高達1,000億美元的全球產業，從跨國企業到自家小店，每個人都爭相採用。那麼為何有那麼多從事資料分析的老手，對這場大數據革命意興闌珊？他們的職業生涯一直都在嘗試，要從少數資料裡獲得見解，理應迫不及待在龐大資料集裡大展身手。然而，幾十年來都得「將就」於少數資料的經驗，讓他們學習到一些無論資料多寡都用得上的扎實教訓。

以偏差問題來說，從經過揀選的來源獲得上億個資料點，遠比從經過妥善隨機化的樣本中獲得的少許資料，更容易產生誤導性。舉例來說，你有沒有想過，什麼樣的人會用谷歌搜尋流感療法？他們為何要這樣做？

不過，一旦取得乾淨無偏差的資料集，就很容易從中創造預測模型：只要利用電腦進行迴歸法和相關性分析，找出具有統計顯著性的影響因子，然後把兩者結合起來，就能得到一個完美切合資料的結果。不過反過來說，這種方法也暗藏災難：資料集如果像這樣任由「數字自己說話」，通常只會冒出一堆胡說八道。你若不試著剔除不可靠的相關性，最後就有可能盲信「統計顯著性」，以此推估相關性；運氣好的話只是做不出結果，但也有可能釀成一場大災難。當你在尋找「真正的」相關性時，只要把區區10

個變數兩兩配對，就有90％的風險，至少會找到一個具有統計顯著性，但事實上純屬機運的相關性。資料探勘涉及的變數，數量經常遠多於此。

減低這種風險的一個辦法，是收緊統計顯著性的標準；這雖然有所幫助，卻會導致傑弗瑞斯—林德利矛盾（Jeffreys-Lindley Paradox）。這是個在統計學家圈內素負惡名的怪異現象，即資料集愈大，用來找出純屬僥倖的顯著性測試，效果就愈差。認為預測演算法納入愈多變數愈好的人，還有一個討人厭的「驚喜」等著他們：雖然這些演算法與檔案庫裡的資料切合得極好，一旦上線實作，卻會大大失靈。問題出在所謂的偏差—變異兩難（bias-variance dilemma）：變數愈多，預測就愈準確、偏差愈少，也切合舊資料，但是一加入新資料就岌岌可危。由於每個變數都有自己的不確定性，因此預測的模糊性（即「變異數」）也會跟著增加。這兩者必須取捨：變數要多到適足以進行預測，但又不能多到使預測結果過度模糊。

所有這些挑戰都可以因應，只要一開始就察覺到它們即可。與某些人聲稱的剛好相反，資料探勘不是規模大就萬事OK。

是空歡喜一場，不妨想想你的資料探勘究竟能獲得什麼結果（詳見專欄）。

然而，這一切都無法嚇阻大力鼓吹大數據的人。這些人大力宣揚迴歸法的神奇力量，使大數據在大企業間成為熱門話題。2014年一項全球性調查發現，到了2016年，大約會有四分之三的組織投資大數據科技，其市值已達1,250億美元左右。[6] 運用這項科技「強化顧客體驗」並「改善處理效率」，列為企業營運的第一優先項目。然而，大麻煩的徵兆已然浮現。業內人士警告，有些公司打算凡事都用大數據從自家資料庫裡找答案，但這項策略幾乎注定是一場徒勞。大數據最後能否在企業裡生存下來，還是取決於由來已久的篩選標準：這樣做能否提升獲利？沒有人敢保證。

一個最早流傳的大數據大新聞，是網飛（Netflix）在2006年提供100萬美元的獎金，給任何能夠透過資料探勘找到預測電影評分最佳方式的人。三年後，有支團隊抱走這筆獎金，不過網飛從來沒有用過這套演算法，因為儘管這套演算法達到了懸賞要求，提升10％運算效能的目標，卻實在太複雜，而相較於它的微薄效益，升級資訊系統所需的費用，讓網飛望而卻步。[7] 隨著資料探勘應用到更多領域，它也碰到類似的現實問題。銷售主任也許不知道自相關的危害何在，不過他們倒是很清楚，手上的資料探勘銷售預測老是失準。

「列維飛行」的意義

在亟欲運用資料探勘威力的人眼中，老派資料分析師提出的

擔憂，既食古不化又吹毛求疵。畢竟，科學家這幾十年來，不都在使用迴歸法之類的技巧從事研究，也沒產生什麼明顯的問題嗎？雖然科學家確實是這類技巧的重度使用者，研究發現的可靠度卻有待商榷。如果你認為科學家總是謹慎運用資料探勘工具，那可是大錯特錯。「冪次法則熱潮」就是一例：1980年代，頂尖的科學期刊開始不斷收到一些論文，聲稱從市場波動到螞蟻採食，各種現象都遵循以下的冪次法則形式：

$$某個有趣現象 = k \times （某個可量測事物）N$$

　　這些論文的重點，都放在尋找N次方的值，因為這由此導出一堆有趣的理論和想法。研究者為了找出N值，運用了一項很簡單的技巧，以把線性迴歸法應用於各種資料集。[8] 用這種方法算出來的N值，又衍生出另一波論文潮，專門解釋這些冪次法則何以存在。到了1990年代中期，一名頂尖的冪次法則倡導人士信心滿滿，甚至寫了一本探討冪次法則的大眾讀物，書名相當中肯：《大自然如何運作》（*How Nature* Works）。[9]

　　即使在當時，這種聲明也會使人起疑，不過要經過很長一段時間，疑慮才升高為批判。事情何以演變至此，是相當耐人尋味的科學社會學問題。因為一開始就很明顯，有些研究者全然違背了線性迴歸好幾條「條款與細則」。[10] 他們為了找到N值，不惜冒險得到極為不牢靠的結論，其中有些最為吸睛的聲明指出，冪次法則是各式各樣生物行為背後的根本原理。自1980年代以來，研究者聲稱，他們發現許多生物的採集與狩獵模式，遵循一種叫做

「列維飛行」（Lévy flight）的模式：若將行進路徑描繪出來，看起來就像隨機的一堆短程旅行，接著出現較罕見的長程旅行。這兩者的相對比例，正好遵循冪次法則。

　　研究者對此提出各式各樣的解釋，所有解釋基本上都認為，短程和長程旅行混合在一起，是某種出於採集需求的「最佳化」結果。舉凡飛在空中的蜜蜂和信天翁，海上的浮游生物和海豹，甚至人類的漁民，許多生物似乎都在利用這個模式。但是這項「證據」主要是基於線性迴歸法，而只要輸入一些從這類現象取得的資料，線性迴歸法就有可能失常。目前任職於加拿大漁業暨海洋部的數學生態學家安德魯・愛德華茲（Andrew Edwards），在2005年開始研究這些聲明的基礎，並且採用比較能夠應付冪次法則狡詐本質的技巧，重新分析這些聲明。他發現在17篇發表的聲明中，沒有一篇經得起檢驗。[11]自此之後，研究者開始運用更為

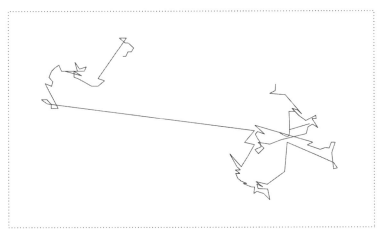

鳥或塗鴉？都不是，這是「列維飛行」：警告過度解讀資料的下場

先進的方法，重新檢視這整個主題。他們發現，至少以信天翁來說，原本的聲明可能真的是正確的，不過原因卻搞錯了。[12]

這對生態學家來說是個好消息，然而卻沒有回答到原本的問題：到底有多少採用迴歸法的唬人研究，還沒有被踢爆？除非有人回頭檢驗，否則我們大概永遠也無法得知。有鑑於以迴歸法做出的研究結果，以及以此建立的學術聲望如此之多，想要找出真相的研究者，勢必要具備相當的勇氣。

| 這樣思考不犯錯 |

所有的資料集都具有模式，不過大多只是幻覺；就算找出「最適線」，也無濟於事。儘管大數據正熱門，還是難以倖免於GIGO（垃圾進，垃圾出）的影響。只要拿資料探勘法經常漠視的「條款與細則」相驗，會能發現製造荒謬的21世紀技巧。

33

金融市場裡的物理學家

　　人們發現自以為藏得好好的幾兆美元，轉眼間人間蒸發，自然會想知道何以致此。2007年，全世界的薪水階層，退休基金共約27兆美元；他們大多數人在歷經數十年朝九晚五的日子後，都得靠這筆錢才能享有合理的生活品質。許多人把他們還算過得去的積蓄，拿出來投資股票市場，希望能夠透過股價成長與股息錢滾錢。但是隨後金融海嘯來襲，股市崩盤，全世界的退休基金價值，暴跌3.5兆美元。[1]

　　人們尋找罪魁禍首，馬上就把目光投向華爾街、倫敦及世界各地的投資銀行；緊接著鎖定居住在這些貪婪殿堂，開著保時捷，紅利拿不完，頭髮抹油，淨想著迅速致富的傢伙。不過他們很快地就發現，到底是誰想出這些迅速致富的伎倆：那些身上掛

著博士頭銜，戴著無框眼鏡的怪胎「火箭科學家」。雖然其他人都曾經有段時間成為眾矢之的，不過這些量化分析師卻始終是受攻擊的目標──人們怪罪他們創造出「貨幣毀滅性武器」，把全球經濟帶往災難邊緣。

許多早期的金融危機撰述，都把重點放在量化分析師如何醉心於「金融工程」，創造出信用違約交換、百慕達式利率交換選擇權（Bermuda swaption）等名稱怪異的衍生性金融商品。他們還創造出ABS（資產抵押債券）和CDO（擔保債務憑證）等，由一連串字母組成的證券──這些證券（securities）還真是安全（security）。

不過，真正令人倒抽一口涼氣的，是這些大規模毀滅性武器的內部運作機制：滿是複雜到像理論物理的數學模型。結論似乎顯而易見：全球金融體系已經落入瘋子科學家之手。

這個恐怖的情境自提出以來，在各方面都受人質疑。首先，衍生性金融商品並不是新事物，以契約做金融承諾，藉此應付任何違約狀況的基本概念，已有數千年歷史。[2] 再者，這些衍生性金融商品本非為了迅速致富，而是為了對於不確定的未來，至少增添一點信心，對於商業發展來說一直都非常重要。

如果你認為投資銀行和物理學家共謀，妄想編織瘋狂的「金融工具」，未免異想天開。雖然金融界並不乏精通數學的人，但是物理學家相對來說並沒有很多。這個區別非常重要，不單是因為物理學家對於複雜的金融技術，始終是批評最力的一群人[3]，也是因為他們對自己這行一個見不得人的小秘密心知肚明。

經濟學向物理學取經

在2010年，有篇對於市場崩潰頗具見地的分析報告，著重探討物理學對於了解金融危機的重要性。這篇分析的標題很有趣：〈警告：物理嫉妒可能有害你的財富！〉[4]，兩位作者的資歷背景也一樣耐人尋味：羅聞全是MIT史隆管理學院財金系的出色教授；馬克・繆勒（Mark Meuller）則是MIT物理學家，但他在1990年代離開物理學領域，成為物理學界指控踐踏全球經濟的「華爾街物理學家」。兩位作者以此文檢視，物理嫉妒症候群導致金融危機的這個想法，是否言之成理。

「物理嫉妒」這名稱雖然逗趣，卻是貨真價實的現象，也是個小小的奇觀。在所有的科學學門中，沒有一門像物理學這樣，獲致如此的成功、可信度和掌聲。物理學為現代世界的運作原理定調，形塑了我們對於現實的認知。從事物理研究工作的佼佼者，是天才的典範；他們提出的偉大理論，被譽為人類智識最偉大的成就。誰不想分杯羹呢？歷經第二次世界大戰之後，全世界對物理學家感恩載德，認為有他們幫忙才能打敗邪惡軸心；其他領域的學者開始思索，物理學之道能夠如何為他們所用。或許他們也可以發現什麼基本定律，為現實提出模型，從而為人類的福祉形塑未來也說不定？

保羅・薩繆森（Paul Samuelson）便是作此想的人之一。他在16歲時就已是芝加哥大學極為出色的經濟系學生，22歲在哈佛大學完成博士學業。他在1947年發表的博士論文，可不是凡夫俗子可寫：這篇名為〈經濟分析的基礎〉（Foundations of Economic

Analysis）的論文，不僅完全名符其實，還讓薩繆森成為第一位獲頒諾貝爾經濟學獎的美國人。1970年的頒獎引言指稱，薩繆森的「科學研究」成功「提升經濟科學的分析層次」。薩繆森扮演了經濟學與財務金融劇烈轉向的觸媒角色，告別了過去一語帶過的論述方法，以及「基於常識」的推論過程，轉而採用物理學家長久以來運用自如、有板有眼的數學方法。

事實上，薩繆森只是追隨前人腳步，認為物理學能嘉惠經濟學家。早在20世紀肇始時，一位名叫路易·巴舍利耶（Louis Bachelier）的法國數學家，就把或然率理論應用於股價上，發現股價行為有如受到隨機力量影響。愛因斯坦在五年後，也發展出類似的理論，用來解釋微觀粒子的躁動現象，並用這些結果推論原子的真相。薩繆森自己的博士指導教授艾德溫·威爾森（Edwin Wilson）就是科學學者，師從卓越的美國物理學家約西亞·威拉德·吉布斯（Josiah Willard Gibbs）。

愛因斯坦是最彆腳的金融分析師

1950和1960年代，經濟學和財務金融愈來愈像物理學；對線性幾何、微積分等物理學工具不熟悉的人，愈來愈看不懂相關的學術期刊。然而當時二十幾歲的薩繆森卻發現，這樣往物理學靠攏，誤導的風險其實極高。他那時才剛接觸到物理學見不得人的小秘密，深知物理學儘管看似複雜精巧，但是它之所以能夠這麼成功，是因為它處理的問題基本上算是單純。對於物理課只上到把球丟下懸崖會呈現拋物線的人來說，這樣講似乎很可笑；然

而，二次方程式儘管看似深奧難解，不過它們之所以管用，完全是因為問題本身能夠被化約到如此單純，方程式才能夠提供有用的見解。只要加入像是空氣阻力之類的少許現實因素，數學就會在轉眼間讓人腦袋打結。[5]

經濟學與財務金融的複雜程度，不同於物理學——它們複雜多了，充斥著數學根本派不上用場的各種現象。愛因斯坦的原子行為理論分析能在根本上有所突破，是因為其關鍵要點永遠成立——矛盾的是，這也讓愛因斯坦的工作變得簡單多了。想像一下，若原子有時會自行其是，一窩蜂地往某個方向擠過去，或是對同樣的力產生不同的反應，情況就會變得遠為困難又複雜，不再是個「基本」問題。然而影響股市「原子」行為的，還有一個高度相關的因素：人類投資者。

薩繆森發現，物理學方法確實能夠嘉惠經濟學及財務金融，不過幫助的程度有限。他了解，儘管物理學家提出這麼多宏偉的理論，實際上是挑好走的路。許多物理學上最偉大的成就，都是利用對稱性做出來的：本質上就是說任何事物，都可以用某種方式轉換，卻不會產生變化。物理學家假設空間和時間具有這種恆常性，因此從次原子粒子到整個宇宙，各種理論都能夠大幅簡化。[6] 經濟學家就沒有這種待遇，在他們的宇宙中，唯一不變的就是變。事實上，一如同羅聞全和繆勒所指出的，情況甚至還更糟：經濟學家非但無法指望理論中這些「原子」具有恆常性，甚至也無法辨別理論在什麼情況下管用。

經濟學的悲哀在於，物理學在戰後令人心醉神迷的成功，讓太多人漠視了它那見不得人的小秘密。有太多的經濟學家，把廣

泛採用物理學家所使用的數學方法，視為使理論更為精巧、而非過度簡化的表徵。物理學家是萬人欽羨的對象，因為他們所探索的世界，即使被簡化到數學方法可用的程度，還可以得到一些值得一提的結論，博得眾人掌聲。他們可以把大自然的洗澡水整缸倒掉，只要最後能撈出一隻黃色小鴨，就值回票價。相對地，經濟學家想知道的是，小朋友在比較昂貴的澡池裡玩水，會不會比較開心；他們同樣可以把洗澡水整缸倒掉，但這樣做有可能會把小朋友一起倒掉，而且也得不到什麼有意義的見解。經濟學家並不是嫉妒物理學家工作的簡約，而是嫉妒他們能夠成功地把事情簡約化。

不確定的本身就有不確定性

　　經濟學家至少體認到，經濟學與財務金融有著比物理學嚴重很多的不確定性問題：舉凡預測、投資、設計衍生性金融商品，全都需要對不確定未來的見解。因此經濟學家在把這門學科「數學化」的過程中，就轉而求助於或然率理論。然而或然率理論最基本的版本，顯然不夠用。經濟學處理的情況，遠比擲銅板或擲骰子等或然率不但固定、而且顯而易見的範例複雜。金融市場是多重因素造就的結果，而這些因素全都受到不確定性影響。因此若要了解這些因素，經濟學家就必須進一步探討或然率理論，才能掌握到多重隨機因素的效應。因此，他們不得不重用常態分配，因為常態分配的優雅特性，以及處理現實生活紛亂不確定性的能力，已經知名超過一世紀。

不過，就如同我們所見，處理不確定性的任何技巧，都有相對應的「條款與細則」；經濟學家運用它們處理的情況，有些明顯違反規則。實證資料就有這些技法失靈的證據；然而指出這點的學者，多年來卻發現，他們的研究成果，屢屢遭到頂尖的經濟學和財務金融期刊拒絕發表。[7]此外還有個更為根本性的問題，而這個問題是無法被數學化的：解釋經濟現象不確定性的這些模型，本身就具有不確定性。如同羅聞全和 勒所指出的，這使得經濟學家身處連物理學家也視為畏途的領域：他們仰賴的模型分崩離析，不得不替換新模型。

物理學家在過去幾百年內，曾經多次遭逢這種情況。伽利略的運動定律，若是過度延伸就會失靈，不得不採用愛因斯坦的狹義相對論；牛頓對於空間、時間及重力的看法，被納入愛因斯坦的廣義相對論；把原子視為微型太陽系的觀點，面對經過或然率化的量子力學模糊球理論，也只能俯首稱臣。物理學家屢仆屢起，了解舊模型有何限制之後，就會藉此選擇最能夠達到目的的新模型。

經濟學家的無奈宿命

然而經濟學家卻可能一覺醒來，就發現重力法則不再適用。昨天還一切安好，今天俄羅斯的主權債就違約，導致某些市場彷彿經歷反平方根重力定律似地土崩瓦解，同時其他市場卻跟著暴漲，彷彿重力根本不存在。標準模型不再管用，雖然可能在未來某個時候會再度管用，什麼時候卻沒人說得準。

　　面對這種模型不確定性，再怎麼花俏的數學技巧，也無用武之地。天底下只有一個方法能夠防止災難發生，就是明智地運用已知宇宙中最為複雜的裝置：人腦。偏微方程和伊藤微積分（Itô calculus）這類光鮮亮麗的數學玩具，在扎實的經驗、判斷及決斷力之前，也只能相形失色。

　　金融危機有很多政治、監管和心理的成因，它們全都肇因於同樣的現象：人類試圖應付不確定性。備受謗議的「火箭科學家」，用更複雜的模型應付不確定性，希望魔鬼無法藏在細節中。有些人應付不確定的方式，是努力賺夠多的錢，這麼一來，他們對於自己的未來，至少能少一分不確定感。可惜，他們的人數還是不及營業主管、執行長、金融監管官員以及律師——他們寧願受惑於「物理嫉妒」的咒語，相信揭露宇宙奧秘的伎倆，在金融界一定行得通。即便是現在，我們也不清楚他們之中有多少人已經清醒並了解，要處理金融世界的不確定性，所需的專業遠遠超越數學一項。[8]

　　大多數的物理學家，一方面對於身為最成功科學學門的一份子，都覺得與有榮焉，另一方面對於一生志業的限制所在也有所知覺。也許應該有更多物理學加入羅聞全和繆勒的行列，在物理學不為人知的小秘密釀成另一場全球經濟大災難之前，讓世人對此多所了解。

這樣思考不犯錯

　　「物理嫉妒」如何釀成大禍，金融危機是一場耗費數兆美元的

示範。儘管物理學家所採用的精巧數學，在財經領域有其必要，但只有數學絕對不夠。物理學可以倚賴確定性，然而財經事務不但牽涉許多不確定性，甚至連這些不確定性本身，也有很多不確定性。

34

因為不能簡單，
只好順應複雜

　　倘若連財務金融界最厲害、最聰明的人，我們都不能信任他們能把錢看好，我們還能怎麼辦？金融危機給我們的第一個教訓，似乎已經夠清楚：對於任何聲稱馴服不確定性的人，都要抱持著深深的懷疑。這話說起來比做起來容易，因為這些人通常都頭頂博士頭銜，手握錯綜複雜的模型，以及回測多年都很成功的扎實證據，不由得你不信。就物理學來說，這一切確實很了不起，可做為真實進步的確據。然而，不同於具有基本定律、宇宙常數的物理學，財務金融模型永遠只能假裝有確定性；這些模型可能確實管用，但只有在它們的條款與細則成立時才管用，而且沒有人知道能夠維持多久。這些條件可能可以維持幾十年，也可能幾天都撐不了。

　　避險基金的驚人財富，反映了不顧危險、盲目相信模型的誘惑。這些神秘兮兮的機構以雇用世上最聰明的怪胎著稱，他們會設計出能以最小風險創造最大報酬的「避險」策略。他們所謂的「2％-20％」經營模式也很出名：客戶支付交託管理資產的2％給避險基金，以取得受惠於避險基金集體能力的資格；如果這份能力實際上產生任何利潤，還要再分20％給避險基金。若你真的相信財經媒體，這價碼物超所值：避險基金三不五時就會登上頭條，講述它們如何運用技巧、找出獲利機會並避開虧損災難的傳奇故事。

　　但是，財經媒體根本不值得參考，因為它只關注表現優異的佼佼者，然而它們之後就「回歸平均值」；而且根據記錄顯示，一旦扣除高額費用，這個平均值並沒有比標準投資策略的績效高明多少。[1]簡單說，投資典型的避險基金，等於是花大錢買證據，證明最複雜的金融模型本身就是受到不確定性影響的標的。避險基金真正的能力在於經營策略：說服投資人對他們的投資策略保持信心，就是他們費用收入的保證。而投資人對避險基金投資策略的信心，可能比投資策略管用的時間還久。

　　幸好，投資避險基金是有錢人才玩得起的遊戲，大多數人大概只夠資格採用獲頒諾貝爾獎的投資策略。只可惜，你也別高興得太早，因為這些策略衍生自把財務金融的複雜性，簡約到物理學程度，最惡名昭彰的嘗試。1950年代初期，有個20多歲、熱衷於物理學的芝加哥大學經濟系學生，想效法牛頓為移動物體研擬運動定律般，也為投資組合訂出一套定理。這個名叫哈利．馬可維茲（Harry Markowitz）的學生，因此獲頒1990年諾貝爾經濟學獎。

現代投資組合理論

1950年代時，專家的投資建議簡單到近幾愚蠢：找一支表現極佳的股票，然後把資金全押上去。馬可維茲知道這實在沒道理，大多數投資人也心知肚明；他們認為，若是投資組合的資產能夠「分散化」，以分散一把賠光的風險，顯得有道理多了。但是任何認真著手建立這種投資組合的人，馬上就會碰到一個問題：該怎麼配置資產？一半投資波動劇烈的股票，一半投資無聊但安全的政府債券？這樣會不會太保守？那麼，80％買股票、20％買債券如何？還是60％股票、30％債券、10％為隨時可用的現金？馬可維茲體認到，這類問題屬於受限最適化（constrained optimisation）的應用數學分支領域：他要做的就是找到風險最小化、同時報酬還不錯的的最佳投資組合。

他寫下來的方程式，成為如今稱為現代投資組合理論（Modern Portfolio Theory, MPT）的基礎。就表面上看來，現代投資組合理論達成了某種奇蹟：把投資組合裡各項資產的歷史資料輸入其中，就能顯示理應持有的最佳資產組合。儘管名稱裡有「理論」二字，現代投資組合理論其實是個模型，因此也具有「條款與細則」，以及輕則可疑、重則根本錯誤的各種假設。

以「風險」概念來說，大多數人會認為，風險最小化就是把蒙受長期持續損失的機率降至最低；然而，馬可維茲選擇用統計學的變異數概念，做為以數學呈現風險的方式，而變異數是衡量資產價值偏離平均值的程度。這看起來怪誕難懂，不過馬可維茲還是堅持使用變異數，因為這麼一來，他就可以用一個簡潔的或

然率定理，一舉解決最佳化的問題。一言以蔽之，這個定理不但把投資組合的總風險連結於投資組合所含每項資產的個別風險，還能顯現這些資產彼此之間的相關性。若你跟馬可維茲一樣，相信變異數是衡量「風險」良好的量測標準，你就能夠以數學確實描述投資的關鍵特質：資產的風險與報酬，甚至還包括資產彼此之間的連動關係。

馬可維茲的方程式，證實混合資產有道理的常識；不過他的方程式還進一步精確指出，「良好的」分散化投資組合應該是什麼樣子：各項資產之間的相關性要低，最好能夠有負相關。這也有道理，因為某項資產價值下跌時，其他資產價值就會上漲，彌補損失。這些方程式還有好幾個驚奇之處，比方說納入風險較高的資產，也有益處——倘若這些資產與其他資產有負相關性，實際上可以減低投資組合的整體風險。

即使是業餘投資人，只要檢視某些資產的過往績效，找出報酬、相關係數及風險（以報酬的變異數衡量[2]），就能借力於現代投資組合理論。把這些數字代入馬可維茲的方程式，就能如變魔術般，轉化出各項資產所需的百分比，以建立分散化、風險降至最低、同時報酬還不錯的最佳化投資組合。

複雜的計算不如單純的選擇

然而，就如同無數投資人這些年來所發現的，現代投資組合理論雖然證實了分散化投資的價值所在，卻引發更多問題。變異數真的是衡量「風險」的良好量測標準嗎？畢竟變異數包含了超

出或低於平均值的變異情形，而鮮少有投資人會擔心投資報酬超出平均值的情況。現代投資組合理論難道不能採用更好的量測風險標準，比方說投資組合價值損失多少百分點的機率？理論上可以，只要假設投資報酬遵循某種或然率分配就行。但是要選擇哪一種或然率分配？在報酬不再遵循這種分配時，又要如何加以辨別？

此外，輸入方程式的數值，如所有資產的報酬、變異數以及相關係數，也是問題。在物理學，這些數值只要查表就可以得到，如電子和質子的質量等數值都是常數。然而，資產唯一恆常不變的，就是報酬率與波動性永遠在變。我們有辦法算出平均值，問題是該在什麼時間尺度下計算；而若這些數值遵循的，是變異數根本沒有意義的分配，又該如何？

相關性是另一個不確定性的巨大來源。即使像債券與股票為負相關這種經驗法則，也是說翻轉就翻轉。[3] 更糟的是，當在你身處金融危機，最需要資產的分散化走勢時，偏偏投資人的從眾心理經常使負相關資產同步走跌。[4]

面對這種種挑戰，許多投資人發現很難信任現代投資組合理論的數學原理，就連馬可維茲本人也不例外。就在他研發出這套理論後不久，他也得建立自己的退休帳戶投資組合。他理應分析各項資產的績效記錄，計算出最佳組合；然而他卻發覺自己無法面對這樣做可能會出錯的後果，於是就單純地把一半的錢放在股票，另一半放在債券。[5]

只有市場才能打敗市場

在現代投資組合理論問世之後數十年間，有許多人嘗試要使它變得更為精巧，結果是堆積如山的技術性文獻出爐，然而除了分散化投資的合理性這個核心概念，此外沒有多少長進。無論用多少數學，都無法使現代投資組合理論或其他投資策略，具備物理學的可靠度。這些處理不確定性現象的模型本身是否有效，始終就具有不確定性。因此，近年來有人開始認為，嘗試建立投資組合並「主動管理」，買賣資產並調控混成比例，試圖藉此超越股市表現的做法，根本就毫無意義。有證據顯示，許多看似成功的「主動」投資人（比方說避險基金），其實只不過是統計上的異常值，投資績效終究會回歸平均數。[6] 就連那些打敗市場的人，獲利空間通常也不值得付給他們那麼高額的費用。[7]

這一切使得某些最聰明的財務金融人士，主張極簡就是投資的最佳策略。總值240億美元的耶魯大學捐贈基金投資長大衛・史文森（David Swensen），卓越的量化分析師保羅・威摩特，以及蔚為投資界傳奇的華倫・巴菲特，都表示，他們熱衷於以追蹤指數基金單純模仿市場表現的投資組合。[8] 指數型基金一如其名，以電腦追蹤美國標普500指數、英國富時100指數、明晟世界全指數等市場指數的漲跌情形。這類「被動型」基金的績效，永遠也不可能超越它們追蹤的指數，雖然標普500指數自1985年開始算起，有相當可觀的平均8%年化實質成長率，不可小看。主動型基金因為收費高昂的關係，通常都達不到這個績效。被動型基金也無法使我們免於投資分散化的需要，通常需要用上好幾支涵

蓋不同區域的被動型基金，才能避免產生最糟糕的波動情形。不過最重要的是，被動型基金由於幾乎不需要人類插手管理，因此管理費非常低，而管理費絕對是投資組合績效的威脅。

被動型投資法也能夠處理，可能是造成投資績效不彰最重要的因素：我們自己。許多人認為投資只不過是較高層次的賭博，有人把錢投資於完全沒有分散化的少數資產，這正是明證。眾所周知，賭博會對心智產生不良影響，賭博具備的或然率本質，會觸發許多可能導致災難的行為，比方說贏錢時冒太多風險，輸錢時想贏回來，並堅持採用思慮不周的策略，完全沒有評估成敗的可能性。我們也已經知道，投資固有的不確定性，也會以類似的方式影響心智。研究指出，大多數投資人面對投資的或然率本質，不是太過有信心，就是太過自以為是。[9]這會導致許多自毀財富的行為，比方說把幾次僥倖大賺當成自己很行，押注在價高但很快就會回歸平均值的「贏家基金」，錯把短期「噪音」當成長期見解等。成功的投資人有如職業賭徒，發現控制這些行為的方法。他們的投資績效之所以遠勝於大多數人，就在於他們懂得一動不如一靜的道理，尤其是危機到來之時。採用久經時間證明的「買進抱牢」投資策略，就是可以做到這點的一個方法：只要決定好投資組合，買進並放著不動就行。

巴菲特意見：懶惰致富

很多證據顯示，許多人自己做投資，可能會弄巧成拙，事實也確實如此。[10]最近一項美國共同基金投資人投資績效研究顯

示，投資人買進飆股，賣出跌股的行為，會損失慘重。在2000年到2012年間，那些嘗試找出飆股和地雷股的投資人，平均年化報酬率是3.6％；相較之下，單純買進抱牢的投資人，平均年化報酬率是5.6％。[11] 每年多2％聽起來也許不多，但若是持續幾十年，經過複利效應，投資組合價值會增長77％。「一動不如一靜」投資法最具說服力的證據，也許要算是華倫‧巴菲特這位最受推崇的投資人。他在一封著名的「致股東信函」中，透露他成功應付投資風險與不確定性的一個基本心法：「近乎懶惰的沉穩」（Lethargy bordering on sloth）。[12]

那麼，買進抱牢指數型基金，就是成功投資之道嗎？當然有證據顯示，指數型基金可能管用，但這終究只是一種成功投資的模型，意味著它應付不確定性的方法，本身就受到不確定性的影響。舉例來說，從1985年初到1999年底的15年間，標普500指數的平均年化實質成長率高達15％。被動型投資人彷彿得手的搶匪般發大財，投資組合價值足足增加8倍。然而那些隨後跟著搭上被動型投資術列車的人，過去15年來卻只有2％的平均年化實質成長率，投資組合價值最終僅增加30％。他們做錯了什麼？沒有，他們只是未能預見，被動型投資模型即將歷經過去100年來兩次最令人寒心、最嚴重的市場崩潰：一次是2000年的網路經濟泡沫；另一次是2007至2008年的金融危機。在這些危機時刻，遵循被動型投資的投資人，只是坐觀投資組合土崩瓦解；然而，許多主動型投資的市場老將，卻能夠根據經驗，在指數下跌時保全價值，找到物廉價美的投資標的，在之後的反彈大發一筆。

|尾聲|

一路走來，我們探究了機率與不確定性，也述及如何應付它們千變萬化的面貌。這段旅程到此告一段落。最重要的原則就是：永遠不要忘記，透過技巧或運氣找到的任何「正道」，都有可能因為機率而化為失望。由於無法安於這個事實，我們已經走入無止境的悲慘、指責和過犯。然而，若我們不曾考量，「正道」行不通時該怎麼辦，那就是咎由自取。我們能夠盡力的，是爭取最好的成功機率，接受這個機率永遠低於100％的事實，並為事與願違時做好準備。

終究，我們都得擲出骰子，賭一把。

誌謝

　　或然率定律具有驚人的深度、廣度及範疇。無論是或然率定律的歷史，理論基礎的解讀，或如何實際應用，都足以窮畢生心力研究。身為科學作家兼學者，我與或然率已經糾纏三十多年，它依然不斷令我感到趣味盎然，使我決心再多加鑽研。

　　我發現，以研究、運用或然率為職志的那些人，跟我同樣有這種感受，還建立了一個特別的研究者與從業人士社群。這些人通常都極為聰明，為人風趣誠懇，對於任何想要了解隨機性、風險以及不確定性的人，都很樂意幫忙。這些年來有他們相伴，受惠於他們的經驗與見解，我深感榮幸。

　　我要特別感謝道格・艾特曼（Doug Altman）、伊恩・查默斯（Iain Chalmers）、史蒂芬・考利（Steven Cowley）、彼得・杜奈利（Peter Donnelly）、法蘭克・達克沃斯（Frank Duckworth）、葛德・吉澤倫澤（Gerd Gigerenzer）、已故的傑克・古德（Jack Good）、約翰・海斯（John Haigh）、柯林・豪森（Colin Howson）、已故的丹尼斯・林德利（Dennis Lindley）、大衛・羅威（David Lowe）、保羅・帕森斯（Paul Parsons）、彼得・羅斯威爾（Peter Rothwell）、史蒂芬・賽恩（Steven Senn）、大衛・史匹澤霍特（David Spiegelhalter）以及漢克・提姆斯（Henk Tijms）。

　　若不是伊恩・史都華（Ian Stewart）當初的建議，Profile Books出版社的約翰・達維（John Davey）不懈的熱忱，以及我的靈思泉源、摯友、人生伴侶丹妮絲・貝斯特（Denise Best）的愛

與支持,這本書就不可能誕生。

　　本書若有任何謬誤,都是我個人的責任,我很樂意接受讀者指正賜教。經驗告訴我,在談論或然率時,我完全不出錯的或然率是零。

各章注釋

第1章

1. J. E. Kerrich, *An Experimental Introduction to the Theory of Probability*, E Munkgaard, Copenhagen, 1946.
2. J. Strza.ko et al., 'Dynamics of coin tossing is predictable', *Physics Reports*, 469(2), 2008, pp. 59–92.
3. P. Diaconis et al., 'Dynamical bias in the coin toss', *SIAM Review*, 49(2), 2007, pp. 211–35.

第3章

1. 令人驚訝的是，答案竟然不是無限大，實際上是-1/12。這大概稱得上是數學裡最令人驚奇的結果了。
2. S. Stigler, 'Soft questions, hard answers: Jacob Bernoulli's probability in historical context', *Intl Stat. Rev.*, 82(1), 2014, pp. 1–16.
3. 舉個例子也許能幫助讀者了解這個概念。世界級的弓箭手有很高的信心，能夠在幾箭之內就命中紅心附近；相較之下，初學者要用區區幾箭就命中紅心附近的信心就比較低。不過如果箭數充足，就算是初學者也能夠有很高的信心，有幾箭能夠命中紅心附近。白努利為我們指點迷津的問題是：在信心程度、接近紅心的距離、以及嘗試射箭的次數之間，存在著什麼樣的關係。
4. Stigler, 'Soft questions, hard answers'.
5. 白努利在運用他發明的定理時，曾經試著把計算過程簡化，但是處理得太粗糙了。棣莫弗發現了較佳的趨近方式，並且在鑽研過程中，發明了我們在後文會見到的初期版本的中央極限定理。

第5章

1. 像是生日或星座這類特徵，每個人屬於G個群組之一的機率完全相等（生日的G等於365，星座的G等於12）。若要有50%的機率，能夠最少有兩個人完全一樣，母體就需要有N個人，而N等於1.18乘以G的平方根。若想知道其他巧合的相關理論，詳見 R. Matthews and F. Stones, 'Coincidences: the truth is out there', *Teaching Statistics*, 20(1), 1998, pp. 17–19.

第6章

1. M. Hanlon, 'Eggs-actly what ARE the chances of a double-yolker?', *Daily Mail Online*, 3 February 2010.

第8章

1. J. A. Finegold et al., 'What proportion of symptomatic side-effect in patients taking statins are genuinely caused by the drug?', *Euro. J. Prev. Cardiol.*, 21(4), 2014, pp. 464–74.
2. R. Matthews, 'Medical progress depends on animal models – doesn't it?', *J. Roy. Soc. Med.*, 101(2), 2008, pp. 95–8.

第9章

1. B. G. Malkiel, Vanguard study results cited in B. I. Murstein, 'Regression to the mean: one of the most neglected but important concepts in the Stock Market', *J. Behav. Fin.*, 4(4), 2003, pp. 234–7.

第10章

1. D. A. Graham, 'Rumsfeld's knowns and unknowns: the intellectual history of a quip'. *The Atlantic* (online), 27 March 2013.
2. R. A. Fisher, *The Design of Experiments*, Oliver & Boyd, Edinburgh, 1935, p. 44.
3. I. Chalmers, 'Why the 1948 MRC trial of streptomycin used treatment allocation based on random numbers', *JLL Bulletin*: 'Commentaries on the history of treatment evaluation', 2010.
4. B. Djulbegovic et al., 'Treatment success in cancer', *Arch. Int. Med.*, 168, 2008, pp. 632–42.
5. J. Henrich, S. J. Heine and A. Norenzayan, 'The weirdest people in the world?', *Behav. & Brain Sci.*, 33(2), 2010, pp. 61–83.
6. P. M. Rothwell, 'Factors that can affect the external validity of randomised controlled trials', *PLOS Clin. Trials*, 1(1), 2006, p. e9.
7. U. Dirnagl and M. Lauritzen, 'Fighting publication bias', *J. Cereb. Blood Flow & Metab.*, 30, 2010, pp. 1263–4.
8. C.W. Jones and T. F. Platts-Mills,'Understanding commonly encountered limitations in clinical research: an emergency medicine resident's perspective', *Annals Emerg. Med.*, 59(5), 2012, pp. 425–31.
9. S. Parker, 'The Oportunidades Program in Mexico', *Shanghai Poverty Conference*, 2003.

10. A. Petrosino et al., '"Scared Straight" and other juvenile awareness programs for preventing juvenile delinquency', *Cochrane Database of Systematic Reviews*, 4, 2013.

11. 「行為見解團隊」（Behavioural Insights Team）與英國內閣辦公室合作，運用「輕推理論」（Nudge Theory）推行政策，便是一個例子。有很多輕推理論成功的案例，都源自於廣泛採用隨機化控制試驗。詳見：www.tinyurl.com/Organ-Donation-Strategy。

第11章

1. 英國國民保健署的「頭條背後」（*Behind the Headlines*）網站，對於踢爆這些傳聞不遺餘力。詳見：www.tinyurl. com/SleepingPillsAlzheimers。

2. World Cancer Research Fund International, 'Diet, nutrition, physical activity and liver cancer', *Continuous Update Project* report, 2015.

3. J. N. Hirschhorn et al., 'A comprehensive review of genetic association studies', *Genetics in Medicine*, 4(2), 2002, pp. 45–61.

4. R. Sinha et al., 'Meat intake and mortality: a prospective study of over half a million people', *Arch. Int. Med.*, 169(6), 2009, pp. 562–71; M. Nagao et al., 'Meat consumption in relation to mortality from cardiovascular disease among Japanese men and women', *Euro. J. Clin. Nutr.*, 66(6), 2012, pp. 687–93; S. Rohrmann et al., 'Meat consumption and mortality-results from the European Prospective Investigation into Cancer and Nutrition', *BMC Med.*, 11(1), 2013, p. 63.

5. S. S.Young and A. Karr, 'Deming, data and observational studies: a process out of control and needing fixing', *Significance*, September 2011, pp. 122–6.

6. M. Belson, B. Kingsley and A. Holmes, 'Risk factors for acute leukemia in children: a review', *Env. Health Persp.*, 2007, pp. 138–45.

7. A. B. Hill, 'The environment and disease: association or causation?', *Proc. Roy. Soc. Med.*, 58(5), 1965, pp. 295–300.

第12章

1. K. de Bakker,A. Boonstra and H.Wortmann,'Does risk management contribute to IT project success? A meta-analysis of empirical evidence', *Intl J. Proj. Mngt*, 28, 2010, pp. 493–503; D. Ramel, 'New analyst report rips Agile', *ADT Magazine*, 13 July 2012; R. Bacon and C. Hope, *Conundrum: Why every government gets things wrong and what we do about it*, Biteback, London, 2013.

2. 「布萊德利效應」（Bradley Effect）是最為人所知的這種現象之一。布萊德利由美國民主黨提名，競選1982年的加州州長。在1992年跟2015年的英國大選中，都

發現這個效應造成民調失靈。諷刺的是，布萊德利效應其實更有可能是出於單純的採樣誤差：布萊德利輸不到1%，這很容易被傳統民調裡另一個誤差來源淹沒，即回答「不知道」的那群人。

3. L. Hong and S. E. Page, 'Groups of diverse problem solvers can outperform groups of high-ability problem solvers', *PNAS*, 101, 2004, pp. 16385–9.

4. C. P. Davis-Stober et al., 'When is a crowd wise?', *Decision*, 1(2), 2014, pp. 79–101.

5. A. B. Kao and I. D. Couzin, 'Decision accuracy in complex environments is often maximized by small group sizes', *Proc. Roy. Soc. B*, 281(1784), 2014, 20133305.

6. S. M. Herzog and R. Hertwig, 'Think twice and then: combining or choosing in dialectical bootstrapping?', *J. Exp. Psychol.: Learning, Memory, and Cognition*, 40(1), 2014, pp. 218–33.

第14章

1. 讀者可以在下列這本我最喜愛的相關著作中，發現更多關於賭場遊戲理論，以及或然率其他眾多層面的精采論述：*Taking Chances* by John Haigh (Oxford University Press, 2003).

第15章

1. J. Rosecrance, 'Adapting to failure: the case of horse race gamblers', *J. Gambling Behav.*, 2(2), 1986, pp. 81–94.

2. P. Veitch, *Enemy Number One*, Racing Post Books, Newbury, 2010.

第17章

1. 假設謠傳屬實的機率是P，那麼謠傳為假的機率就是1-P（因為這兩種結果裡一定有一個為真，因此機率加起來必須等於1）。所以按兵不動的期望後果，就等於-10P + 7(1-P)；搬家的期望後果，則等於2P + (1-P)。把這兩個期望後果中間畫上等號，就能算出P高於哪個值的時候，搬家會導致比較正面的後果。我們因此發現，倘若謠傳屬實的機率P超過1/3，搬家就比較有道理。

第18章

1. 艾莉絲‧湯姆生（Alice Thomson）是化名，這是作者在2015年1月實際接觸過的一位真實人物。

2. G. Gigerenzer, in *Reckoning with Risk*, Allen Lane, London, 2002, pp. 42–5.

3. K. Moisse, 'Man takes pregnancy test as joke, finds testicular tumor', *ABC News online*, 6 November 2012.

4. 這是貝氏定理的簡單產物，在第20章會另作闡述。

第19章

1. R. Matthews, 'Decision-theoretic limits on earthquake prediction', *Geophys. J. Int.*, 131(3), 1997, pp. 526–9.
2. R. Matthews, 'Base-rate errors and rain forecasts', *Nature*, 382, 1996, p. 766.

第20章

1. 這則故事源自下列這篇文章：'A speck in the sea' by Paul Tough, *New York Times Magazine*, 2 January 2014.
2. 若是對於貝氏定理的歷史及應用感興趣，下列這本大眾讀物不錯：S. B. McGrayne, *The Theory That Would Not Die*, Yale University Press, 2011.
3. 原文可在線上查閱：www.tinyurl.com/Bayes-Essay.
4. 這些公式來自於所謂的二項分配（binomial distribution）。
5. 我在整本書中，儘量使用最簡單的貝氏定理形式，在某項假設跟所有其他選項之間，非是即非，涇渭分明。不過我們應該強調一下，貝氏定理也能夠用來處理比這複雜許多的案例。
6. 若想對於貝葉斯如何應付「事前難題」，以及隨之產生的誤解，進行更為謹慎的分析，可參考：S. M. Stigler, 'Thomas Bayes's bayesian inference', *Journal of the Royal Statistical* Society. Series A (General), 1982, pp. 250–58.
7. 然而跟許多貝氏推論擁護者以為的恰好相反，同樣的證據也可能讓意見相左的兩大陣營愈行愈遠。詳見：R. Matthews, 'Why do people believe weird things?', *Significance*, December 2005, pp. 182–4.

第21章

1. I. J. Good, 'Studies in the history of probability and statistics. XXXVII: AM Turing's statistical work in World War II', *Biometrika*, 1979, pp. 393–6.
2. S. Zabell,'Commentary on Alan M.Turing: the applications of probability to cryptography', *Cryptologia*, 36(3), 2012, pp. 191–214.
3. Y. Suhov and M. Kelbert, *Probability and Statistics by Example*, vol. 2: *Markov Chains:A Primer in Random Processes and Their Applications*, Cambridge University Press, Cambridge, 2008, p. 433.
4. 方法是把原本的貝氏定理取對數。在圖靈的報告中，並未明白寫出這樣做所得到的公式，不過「對數轉換」是報告論證的關鍵要點。
5. D. A. Berry, 'Bayesian clinical trials', *Nat. Rev. Drug Discov.*, 5(1), 2006, pp. 27–36.

6. M. Dembo et al., 'Bayesian analysis of a morphological supermatrix sheds light on controversial fossil hominin relationships', *Proc. R. Soc. B.*, 282(1812), 2015, 20150943.

7. R.Trotta,'Bayes in the sky: Bayesian inference and model selection in cosmology', *Contemp. Physics*, 49(2), 2008, pp. 71–104.

第 22 章

1. R. Matthews, 'The interrogator's fallacy', *Bull. Inst. Math. Apps*, 31(1), 1995, pp. 3–5.

2. S. Connor, 'The science that changed a minister's mind', *New Scientist*, 29 January 1987, p. 24.

第 23 章

1. H. Jeffries, *Theory of Probability*, 1939, pp. 388–9; W. Edwards, H. Lindman and L. J. Savage, 'Bayesian statistical inference for psychological research', *Psychol. Rev.*, 70(3), 1963, pp. 193–242; J. Berger and T. Sellke, 'Testing a point null hypothesis: the irreconcilability of P-values and evidence', *JASA*, 82(397), 1987, pp. 112–22; R. Matthews, 'Why should clinicians care about Bayesian methods?', *J. Stat. Plan. Infer.*, 94(1), 2001, pp. 43–58; 'Flukes and flaws', *Prospect* magazine, November 1998.

2. 請參閱 P. R. Band, N. D. Le, R. Fang and M. Deschamps, 'Carcinogenic and endocrine disrupting effects of cigarette smoke and risk of breast cancer', *Lancet*, 360(9339), 2002, pp. 1044–9;相隔才一個月，乳癌荷爾蒙因子合作研究小組（Collaborative Group on Hormonal Factors in Breast Cancer）就發表了另一篇：'Alcohol, tobacco and breast cancer', *B. J. Canc.*, 87(11), 2002, pp. 1234–45.

3. 以下是個有趣的範例：'Data dredging, bias, or confounding: they can all get you into the BMJ and the Friday papers', *BMJ*, 325(7378), 2002, p. 1437.

4. G.Taubes,'Epidemiology faces its limits', *Science*, 269(5221), 1995, pp. 164–9.

5. J. P. A. Ioannidis, 'Why most published research findings are false', *PLOS Medicine*, 2(8), 2005, p. e124.

6. J. P. A. Ioannidis, 'Contradicted and initially stronger effects in highly cited clinical research', *JAMA*, 294(2), 2005, pp. 218–28; R. A. Klein et al., 'Investigating variation in replicability: a "many labs" replication project', *Social Psychology*, 45(3), 2014, pp. 142–52; M. Baker, 'First results from psychology's largest reproducibility test', *Nature* online news, 30 April 2015.

7. 2014 Global R&D Funding Forecast (Batelle.org, December 2013).

8. R. A. Purdy and S. Kirby, 'Headaches and brain tumors', *Neurol. Clin.*, 22(1), 2004, pp. 39–53.

9. J.Aldrich,'R A Fisher on Bayes and Bayes'Theorem', *Bayesian Analysis*, 3(1), 2008, pp. 161–70.

10. R. A. Fisher, 'The statistical method in psychical research', *Proc. Soc. Psych. Res.*, 39, 1929, pp. 189–92; 費雪明白地指出，用 p 值衡量顯著性，其標準本來就是隨意而訂。他也警告這有產生誤解的危險。

11. F.Yates, 'The influence of statistical methods for research workers on the development of the science of statistics', *JASA*, 46(253), 1951, pp. 19–34.

12. F. Fidler et al., 'Editors can lead researchers to confidence intervals, but can't make them think statistical reform lessons from medicine', *Psych. Sci.*, 15(2), 2004, pp. 119–26.

13. S.T. Ziliak and D. N. McCloskey, *The Cult of Statistical Significance: How the Standard Error Costs Us Jobs*, Justice and Lives, University of Michigan Press, Ann Arbor, 2008, ch. 7.

14. F. L. Schmidt and J. E. Hunter, 'Eight common but false objections to the discontinuation of significance testing in the analysis of research data', in L. L. Harlow et al. (eds), *What If There Were No Significance Tests?*, Psychology Press, Oxford, 1997, pp. 37–64.

15. 作者在1990年代，開始針對這個議題提出報告時，就有包括皇家統計學會跟英國心理學會，好幾家學有所長的學術機構告訴作者，對 p 值清楚公告其政策聲明，很容易激起會員跟學術期刊的反彈。

16. D. M.Windish, S. J. Huot and M. L. Green,'Medicine residents' understanding of the biostatistics and results in the medical literature', *JAMA*, 298(9), 2007, pp. 1010–22.

第24章

1. J. Maddox, 'CERN comes out again on top', *Nature*, 310(97), 12 July 1984.

2. J. W. Moffat, *Cracking the Particle Code of the Universe*, Oxford University Press, Oxford, 2014, p. 113.

3. 標準差用來量測所獲得結果的分散程度，以及倘若這些結果純屬僥倖，預期會出現的狀況。因此跟 p 值不同的是，標準差的值愈大，結果之間的分散程度，以及它們純屬僥倖的機率，也就跟著愈大。標準差也可做為衡量「顯著性」的高度非線性化指標，從2個標準差跳升到4個標準差，表示「顯著性」增加了700倍。在稍後我們處理金融危機的議題時，會再碰到標準差。

4. D. Mackenzie, 'Vital statistics', *New Scientist*, 26 June 2004, pp. 36–41.

5. 可參閱如：R. Matthews, 'Why should clinicians care about Bayesian methods?', *JSPI*, 94(1), 2001, pp. 43–58.

6. 這裡引用的數據，是根據下列研究的理論：J. Berger and T. Sellke, 'Testing a point

null hypothesis: the irreconcilability of P-values and evidence', *JASA*, 82(397), 1987, pp. 112–22 (尤其是 section 3.5)。考量到其中涉及的分配假設以及下限，這些數值僅供參考。

第25章

1. W.W. Rozeboom,'Good science is abductive, not hypothetico-deductive', in L. L. Harlow et al. (eds), *What If There Were No Significance Tests?*, Psychology Press, Oxford, 1997, pp. 335–92.

2. 簡單來說，麻煩出在許多研究提出的問題，牽涉到事前或然率的範圍（「分配」），以及對資料可以有不同詮釋。就簡單的案例來說，可以用「共軛機率密度」（conjugate density）產生公式，再把資料跟事前見解代入其中求解，不過許多現實生活上的應用，需要用到非常倚賴電腦的技法。

3. S. Connor, 'Glaxo chief: Our drugs do not work on most patients', *Independent*, 8 December 2003, p. 1.

4. S. J. Pocock and D. J. Spiegelhalter, 'Domiciliary thrombolysis by general practitioners', *BMJ*, 305(6860), 1992, p. 1015.

5. 95％信賴區間本身的意思是：倘若從同樣的母體中（在本例中就是所有合適的病患），取一個大型隨機樣本（在本例中就是參與試驗的受測者），我們就可以有信心地認為，這樣做所產生的信賴區間，有95％的時候，會涵蓋我們有興趣的母體值（比方說死亡風險的機率比率）。當然，這是假設像是偏差之類等所有非隨機的誤差來源，都已經被消除掉了。如此一來，「信心」就是指統計技法的可靠度，而不是研究發現的可靠度。貝葉斯指出，我們只有在對於研究發現，事前一點頭緒也沒有的情況下，才能把前者當成量測後者的標準，然而這種情況非常罕見。經過數十年的研究之後，我們通常都多少有些事前見解可供借鑑，因此貝葉斯給我們95％的置信區間（credible interval），其可信度就確實跟研究發現有關（試驗本身自然一如往常，必須要免於受到其他誤差來源的影響）。

6. L. J. Morrison et al., 'Mortality and prehospital thrombolysis for acute myocardial infarction: a meta-analysis', *JAMA*, 283(20), 2000, pp. 2686–92.

第26章

1. S. Kuhn and J. Gallinat, 'Brain structure and functional connectivity associated with pornography consumption', *JAMA Psychiatry,* 71(7), 2014, pp. 827–34.

2. J.A.Tabak and V. Zayas,'The roles of featural and configural face processing in snap judgments of sexual orientation', *PLOS One*, 7(5), 2012, e36671.

3. I. Chalmers and R. Matthews, 'What are the implications of optimism bias in clinical

research?', *The Lancet*, 367(9509), 2006, pp. 449–50. 。至於「事前誘出」在臨床試驗上的挑戰，詳見 D. J. Spiegelhalter, K. R. Abrams and J. P. Myles, *Bayesian Approaches to Clinical Trials and Health-care Evaluation*, Wiley, Chichester, 2004, pp. 147–8. 一般來說，人類似乎會對美好的未來事件產生偏差觀點，詳見如：T. Sharot,'The optimism bias', *Current Biology*, 21(23), 2011, pp. R941–R945.

4. R. Matthews, 'Methods for assessing the credibility of clinical trial outcomes', *Drug Inf. Ass. J.*, 35(4), 2001, pp. 1469–78, www.tinyurl. com/credibility-prior; 線上計算機可至下列網站: http:// statpages.org/bayecred.html.

5. H. Gardener et al., 'Diet soft drink consumption is associated with an increased risk of vascular events in the Northern Manhattan Study', *J. Gen. Int. Med.*, 27(9), 2012, pp. 1120–26.

6. 拉姆齊跟德福涅地在1920年代，以及考克斯（Cox）跟傑奈斯（Jaynes）在1960年代的研究全都指出，若要掌握箇中概念，一定得用上或然率的相關演算。詳見 C. Howson and P. Urbach, *Scientific Reasoning:The Bayesian Approach*, Open Court, Chicago, IL, 1993, ch. 5.

7. K. H. Knuth and J. Skilling, 'Foundations of inference', *Axioms*, 1(1), 2012, pp. 38–73.

第27章

1. R. J. Gillings, 'The so-called Euler–Diderot incident', *Am. Math Monthly*, 61(2), 1954, pp. 77–80.

2. E. O'Boyle and H. Aguinis, 'The best and the rest: revisiting the norm of normality of individual performance', *Personnel Psych.*, 65, 2012, pp. 79–119; J. Bersin, 'The myth of the Bell Curve: look for the hyper-performers', *Forbes online*, 19 February 2014.

3. 對於單一一次試驗的或然率為p的事件來說（就擲銅板來說，$p = 0.5$），在x次嘗試中不計順序，有S次成功的機率，是由二項分配決定：$[S!/(S - x)!x!]p^x(1 - p)^{s-x}$；驚嘆號（!）表示階乘，在任何科學計算機上都能找到。因此擲10次銅板，剛好出現5次正面的機率，是$[10!/5!5!](0.5)^5(1 - 0.5)^{10-5} = 0.246$。如果S很大，要計算階乘和次方就會變得非常冗長。

4. 嚴格來說，拉普拉斯的「古典版」定理，對於這些獨立隨機影響的行為，也會加上一些限制。數學家後來證明，即使這些隨機影響的行為並不一致，拉普拉斯定理仍然成立，鐘形曲線最終也會浮現出來。不過即使在這種為林得伯格─費勒（Lindeberg-Feller）中央極限定理的情況下，隨機影響仍然必須彼此獨立，而且行為不能太誇張，滿足這些條件仍然很重要。

5. 不過這類論點往往頗值得懷疑。詳見：A. Lyon, 'Why are Normal Distributions

normal?', *B. J. Phil. Sci.*, 65(3), 2014, pp. 621–49.

6. S. Stigler, *Statistics on the Table*, Harvard University Press, Cambridge, MA, 2002, p. 53.

7. 同前注, p. 412.

8. 引用自：H. Jeffreys, 'The Law of Error in the Greenwich variation of latitude observations', *Mon. Not. RAS*, 99(9), 1939, p. 703.

第28章

1. K. Dowd et al., 'How unlucky is 25-sigma?', ArXiv.org preprint: arXiv:1103.5672, 2011.

2. K. Pearson, 'Notes on the history of correlation', *Biometrika*, 13, 1920, pp. 25–45.

3. 這是現實生活中，美國1999年的人口普查資料。詳見 M. F. Schilling, A. E. Watkins and W. Watkins, 'Is human height bimodal?', *Am. Stat.*, 56(3), 2002, pp. 223–9.

4. 就如同薛林（Schilling，同前注）等人在同上文獻所指出的，倘若幾條鐘形曲線平均值之間的差異，超過其標準差總和數倍，那麼這幾條鐘形曲線結合而成的綜合鐘形曲線，看起來就會特別內凹。倘若加入更多鐘形曲線，也很容易使得綜合曲線的整體形狀更為彎曲，而破壞對稱性。

5. 可參閱：R. W. Fogel et al., 'Secular changes in American and British stature and nutrition', *J. Interdis. Hist.*, 14(2), 1983, pp. 445–81.

6. 可參閱：B. Mandelbrot, *The Misbehaviour of Markets*, Profile, London, 2005，在金融危機發生之後，證明了他們早有先見之明。若想知道金融危機的後續影響，詳見 A. G. Haldane and B. Nelson, 'Tails of the unexpected', in proceedings of *The Credit Crisis Five Years On: Unpacking the Crisis*, University of Edinburgh Business School, 8/9 June 2012.

7. P. Wilmott, 'The use, misuse and abuse of mathematics in finance', *Phil. Trans. Roy. Soc.*, Series A, 358(1765), 2000, pp. 63–73.

8. 這包括在1980年代由金融工程師研發而成的所謂風險價值方法（Value at Risk, VaR），如今是在金融危機之後產生，稱為巴賽爾協議 III（Basel III）的國際銀行風險標準一部分。風險價值模型評估金融機構在某一段特定時間之內，蒙受某種特定損失的機率；這類估計往往是根據歷史資料與模擬結果，本身就帶有明確的風險。《黑天鵝》（*The Black Swan*）作者納西姆·塔雷伯（Nassim Taleb），對此有非常徹底的攻擊。可參見：www.fooledbyrandomness.com/jorion.html.

9. JPMorgan Chase *Annual Report*, April 2014, p. 31.

第29章

1. 對於任何對稱分配來說都是如此——如果平均數確實存在的話。我們之後會碰到的柯西分配，就沒有平均數。

2. D.Veale et al.,'Am I normal? A systematic review and construction of nomograms for flaccid and erect penis length and circumference in up to 15,521 men', *BJU Intl.*, 115(6), 2015, pp. 978–86.

3. O. Svenson, 'Are we all less risky and more skillful than our fellow drivers?', *Acta Psychol.*, 47(2), 1981, pp. 143–8.

4. S. Powell, 'RAC Foundation says young drivers more likely to crash', *BBC Newsbeat*, 27 May 2014.

5. 這反映於使用對數所產生的結果。拉普拉斯的中央極限定理指出,把獨立的隨機影響加總起來,就會得到標準的常態分配曲線。使用對數可以讓實際上是相乘的隨機影響,仍然保有這個相加的性質。

6. E. Limpert,W.A. Stahel and M.Abbt,'Log-normal distributions across the sciences: keys and clues', *BioScience*, 51(5), 2001, pp. 341–52.

7. 參見:L.T. DeCarlo,'On the meaning and use of kurtosis', *Psych. Meth.*, 2(3), 1997, pp. 292–307.

8. 有些進階課本會指出,若是取兩個遵循常態分配的變數比率,而分母會通過原點,就會不小心創造出柯西分配。即使要計算這個比率的平均值和標準差這些基本特性,都可能會造成前所未見的混亂局面,更別說要進行「顯著性測試」了。

9. 運用鐘形曲線理論,可以指出25個標準差的事件,其發生機率低到只有$1/10^{137}$,分母是1後面接上137個零。不過若是根據柯西分配,這機率就是1/77,換句話說就是比鐘形曲線算出的機率,多出了大約10^{135}倍。你永遠也不該忘記,不可思議的罕見事件有可能、也確實總是會發生。接下來24小時發生的事,跟先前24小時完全一樣的機率,遠比$1/10^{137}$還要低,所以只要是神智清楚的人,都不會嘗試去研發出一個能夠預測這類事件的理論。然而在財金界,卻有人樂此不疲。

10. E. F. Fama, 'The behavior of stock-market prices', *J. Business*, 38(1), 1965, pp. 34–105.

11. 這些分配取名自保羅‧雷維(Paul Lévy,1886-1971),又名穩定帕雷托分配(stable Paretian distribution),或乾脆簡稱「穩定分配」。法瑪在接觸到本華‧曼德博(Benoit Mandelbrot)的研究之後,就採用這些分配來解釋股價。

12. 這種分配的行為,可以用四大要點(術語叫做「參數」)加以掌握:高峰位置、蹲伏姿勢、彎曲程度、以及最重要的「厚尾」程度。厚尾程度由一個介於0到2之間的數字決定,當這個數字正好等於2的時候,結果就是鐘形曲線;然而只要數字比2低,分配的變異數就會變成無限大。當這個數字正好等於1的時候,就會變成柯西曲線,沒有平均值也沒有變異數。這個數字低於1的時候,會產生瘋狂的結果。

13. 若想知道許多現實生活的範例與見解,又不想接觸太多技術細節,可參考 M. E.

J. Newman, 'Power laws, Pareto distributions and Zipf's law', *Contemp. Physics*, 46(5), 2005, pp. 323–51.

14. 冪次法則對於商業研究的可靠性，造成了什麼樣的威脅，可參考 G. C. Crawford,W. McKelvey and B. Lichtenstein, 'The empirical reality of entrepreneurship: how power law distributed outcomes call for new theory and method', *J. Bus. Vent. Insight*, 1(2), 2014, pp. 3–7.

第 30 章

1. R.A. Fisher and L.Tippett,'Limiting forms of the frequency distribution of the largest or smallest member of a sample', *Math. Proc. Camb. Phil. Soc.*, 24(2), 1928, pp. 180–90.

2. 根據冪次分配，自然就會產生這種經驗法則。冪次分配的形式 $p(x) = Cx^{-a}$，會使得某個量（比方說全世界的財富）總數的比例 X，跟全部母體的 P 百分比綁在一起，其關係是 $X = P^K$，而 $K = (a – 2) / (a – 1)$。比方說倘若 a = 2.2，就會得到聞名於世的「天底下有80%的財富，集中在僅僅20%的人身上。」

3. M. Moscadelli, 'The modelling of operational risk: experience with the analysis of the data collected by the Basel Committee', *Temi di discussione* (Economic working papers), 517, Bank of Italy Economic Research Department, 2004.

4. K. Aas, 'The role of extreme value theory in modelling financial risk', Lecture, NTNU,Trondheim, 2008.

5. M.Tsai and L. Chen,'The calculation of capital requirement using Extreme Value Theory', *Economic Modelling*, 28(1), 2011, pp. 390–95.

6. K. Aarssen and L. de Haan, 'On the maximal life span of humans', *Math. Pop. Studies*, 4(4), 1994, pp. 259–81.

7. 若某個隨機事件的或然率為 P，在 N 次試驗中，最長連續紀錄是 L，那就滿足以下方程式：$N(1 – P)P^L = 1$。詳見 M. F. Schilling, 'The surprising predictability of long runs', *Math. Mag.*, 85, 2012, pp. 141–9.

第 31 章

1. 與一般廣為傳布的觀念相反的是，相關係數並不是在說某變數產生變化，對另一個變數會造成多少變化。此外，也不是說只有簡單的線性關係，才能得到相關係數，比方說斯皮爾曼相關性（Spearman correlation），不但能夠應付所謂的單調非線性關係（monotonic non-linear relationship），甚至也能處理非常態分配。

2. 對於至少含有 10 對資料的資料集，只要相關度的絕對值超過 0.62，就會比 p 值等於 0.05 的標準，更具有「統計顯著性」。維根那些上頭條的相關性，大多輕輕鬆鬆就能通過這個標準——這只是再一次顯露出，使用「統計顯著性」排除胡說八

道的想法，究竟有多麼不宜。

3. 讓這一切雪上加霜的是，用來決定相關性最為廣泛採用的方法，其核心概念是以鐘形曲線為假設前提。

4. 鸛鳥帶子的奇特觀念，出現在安徒生於1838年發表的短篇故事〈鸛鳥〉（The Storks），不過這則神話的源頭似乎古老得多。之後有許多研究者運用相關性分析，「證實」了這個神話，其中也包括本書作者在內：R. Matthews, 'Storks deliver babies (p = 0.008)', *Teaching Statistics*, 22(2), 2000, pp. 36–8, ，藉此點出 p 值有多麼不恰當。也可參考 T. Hofer and H. Przyrembel, 'New evidence for the theory of the stork'. *Paed. & Peri. Epid.*, 18(1), 2004, pp. 88–92.

5. M. H. Meier et al., 'Persistent cannabis users show neuropsychological decline from childhood to midlife', *PNAS*, 109(40), 2012, pp. E2657–E2664.

6. O. Rogeberg, 'Correlations between cannabis use and IQ change in the Dunedin cohort are consistent with confounding from socioeconomic status', *PNAS*, 110(11), 2013, pp. 4251–4.

7. 比方說有證據顯示，吸二手菸的健康風險，可能比平常聽到的來得更低。詳見 J. E. Enstrom, G. C. Kabat and G. Davey Smith, 'Environmental tobacco smoke and tobacco related mortality in a prospective study of Californians, 1960–98', *BMJ*, 326(7398), 2003, pp. 1057–67。這並非學術觀點：倘若這個混擾因子造成的風險被高估了，就可能會導致其他呼吸道跟心臟疾病的風險來源被低估。

8. D. Freedman, R. Pisani and R. Purves, *Statistics*, 3rd edn, W. W. Norton, New York, 1998, p. 149.。變異數會變化的現象，在異質變異數（heteroskedasticity）這個名字裡顯露無遺──在希臘文中，這個字是由「不一樣」跟「散開」組合而成。

9. 皮爾森的擔憂有以下研究背書：W. Dunlap, J. Dietz and J. M. Cortina, 'The spurious correlation of ratios that have common variables: a Monte Carlo examination of Pearson's formula', J. *Gen. Psych.*, 124(2), 1997, pp. 182–93. 。若想知道根據比率的相關係數，在商業上會造成什麼問題，可參考 R. M.Wiseman,'On the use and misuse of ratios in strategic management research', in D. D. Bergh and D. J. Ketchen (eds), *Research Methodology in Strategy and Management*, vol. 5, Emerald Group Publishing, Bingley, 2008, pp. 75–110.

10. 這種季節氣溫變化，主要是地球相對於環繞太陽的公轉軌道，其軸心傾斜所致。值得強調的是，確實有一些技法可以處理非線性相關性，不過並非每個人都必須要懂它們，也不見得需要用上。

第32章

1. 有各式各樣定義「最適」的方法，不過線性迴歸法是根據高斯所提出，稱為最小平方原理的方法。這套方法具有一些優雅的性質，其基本觀念是在利用某變數估計另一變數時，盡可能讓誤差愈小愈好。

2. J. Ginsberg et al., 'Detecting influenza epidemics using search engine query data', *Nature*, 457, 2009, pp. 1012–14.

3. D. Lazer et al., 'The parable of Google Flu: traps in big data analysis', *Science*, 343, 2014, pp. 1203–5.

4. C. Anderson, 'The end of theory: the data deluge makes the scientific method obsolete', *Wired*, 23 June 2008.

5. 這位專家就是卓越的英國統計學家，大衛．史匹澤霍特爵士。引用他這段話的文章，詳見 T. Harford, 'Big data: are we making a big mistake?', *Financial Times*, 28 March 2014.

6. 取自Gartner調查：www.gartner.com/newsroom/id/2848718, 17 Survey by Gartner, September 2014; 。市值資料取自 *Forbes report*, '6 predictions for the $125 billion Big Data analytics market in 2015', published online, 11 December 2014.

7. S. Finlay, *Predictive Analytics, Data Mining and Big Data*, Palgrave Macmillan, London, 2014, p. 131.

8. 倘若資料對 (x,y) 遵從像是 $y = ax^n$ 這樣的「冪次法則」關係，那麼 $\log(y) = \log(a) + n\log(x)$。這是一條直線的方程式，截距是 $\log(a)$，斜率為 n。對這些資料對進行線性迴歸，就能得到 $\log(a)$ 跟 n 的「最佳」估計值，n 正是研究者要找出的次方值。

9. P. Bak, *How Nature Works:The science of self-organized criticality*, Springer, New York, 1996.

10. 若想對理論及實證問題，都能夠有詳盡的回顧，可參考 A. Clauset, C. R. Shalizi and M. E. J. Newman, 'Power-law distributions in empirical data', *SIAM Review*, 51(4), 2009, pp. 661–703. 。只要一涉及相關性，就有很多方法能夠把教科書上所教，線性迴歸法的「條款與細則」鬆綁，尤其是不用知道實際涉及的分配情形，也能運算的「無母數」（non-parametric）方法。不過若是碰上了放蕩不羈的冪次分配，這些方法仍然有可能會踢到鐵板。

11. A. M. Edwards, 'Overturning conclusions of Levy flight movement patterns by fishing boats and foraging animals', *Ecology*, 92(6), 2011, pp. 1247–57.

12. N. E. Humphries et al., 'Foraging success of biological Lévy flights recorded in situ', *PNAS*, 109(19), 2012, pp. 7169–74.

第33章

1. B. Keeley and P. Love, 'Pensions and the crisis', in *From Crisis to Recovery:The Causes, Course and Consequences of the Great Recession*, OECD Publishing, Paris, 2010.

2. 最早的衍生性商品合約，可追溯到西元前1809年，由美索不達米亞一位商人簽下。詳見E. J.Weber,'A short history of derivative security markets', Discussion Paper 08.10, University of Western Australia Business School, 2008.

3. 著名的例子有伊曼紐・德曼（Emanuel Derman）、保羅・威摩特、以及里卡多・瑞伯納托（Riccardo Rebonato）。德曼曾經在哥倫比亞大學擔任粒子物理學家，著有《表現糟糕的模型》（*Models. Behaving. Badly.*）（Simon & Schuster, New York, 2011）。威摩特在牛津大學取得流體力學博士學位，並且跟德曼合著《金融模型家宣言》（*Financial Modeller's Manifesto*）。瑞伯納托具有凝態物理學博士學位，著有具先見之明的《預言家的困境》（*Plight of the Fortune Tellers*）（Princeton University Press, 2007）。

4. A.W. Lo and M.T. Mueller,'Warning: Physics Envy may be hazardous to your wealth!', *J. Invest. Mngt*, 8(2), 2010, pp. 13–63.

5. 由於空氣阻力會隨著投射物的速度而變化，從而改變投射物的反應，因此需要用上高等微積分，才能算出投射軌道。倘若再加入移動目標和地球自轉的變數，就形成了彈道學這門學問——也就是頂尖的物理學家，在第二次世界大戰期間努力鑽研的研究領域。

6. 描述一張正方形的紙，就是運用對稱性的一個簡單例子：這張紙旋轉90度之後，看起來仍然一模一樣，所以它「有所改變，但卻沒有產生變化」。若用上更為精妙的對稱性，就可用來解釋某些強大的物理原理，比方說守恆定律的奧秘，就可以用叫做諾特定理（Noether's Theorem）的驚人數學結果，維妙維肖地呈現出來。

7. Lo and Mueller, 'Warning: Physics Envy may be hazardous to your wealth!', section 2.3.

8. 若想知道有哪些技巧，以及如何將它們運用於金融世界中，可參考同上文獻。

第34章

1. A.W. Lo et al., 'Hedge funds: a dynamic industry in transition', *Ann. Rev. Fin. Econ.*, 7, 2015.

2. 另一個經常使用的衡量標準，是所謂的資產波動性（volatility）：計算方式是取變異數的平方根，在統計中叫做標準差。

3. 比方說美國標普500市場指數跟長期美國國庫券的相關性，自1927年到2012年間，正負號已經轉換了29次，範圍從-0.93到+0.84。詳見 N. Johnson et al., 'The stock–bond correlation', PIMCO Quantitative Research Report, November 2013.

4. 可參見：N.Waki,'Diversification failed this year', *New York Times Business*, 7 November 2008; S. Stovall, 'Diversification: a failure of fact or expectation?', *Am.Ass. Indiv.* Inv. J., March 2010.

5. 引用於：J. Zweig, *Your Money and Your Brain: How the new science of neuroeconomics can help make you rich*, Simon & Schuster, New York, 2007, p. 4.

6. R. Ferri, 'Coin flipping outdoes active fund managers', *Forbes*, 13 January 2014.

7. Research by the UK Department for Communities and Local Government, 引用於 M. Johnson, 'We don't need 80% of active management', *Financial Times*, 11 May 2014.

8. 引用於：*Monevator* blog, 'The surprising investment experts who use index funds', 10 February 2015.

9. K. H. Baker and V. Ricciardi, 'How biases affect investor behaviour', *Euro. Fin. Rev.*, 28 February 2014.

10. J. Kimelman, 'The virtues of inactive investing', *Barron's*, 10 September 2014.

11. Y. Chien, 'Chasing returns has a high cost for investors', Federal Reserve Bank of St Louis study, 14 April 2014.

12. A. Galas, 'Lethargy bordering on sloth: one of Warren Buffett's best investing strategies', *The Motley Fool*, 16 November 2014.

機率思考

職業賭徒與華爾街巨鱷的高勝算思維法，面對機率、風險和不確定性的 34 堂防彈思考課

CHANCING IT:The Laws of Chance and How They Can Work for You

作　　者	羅伯‧麥修斯（Robert Matthews）
譯　　者	高英哲
主　　編	郭峰吾

總 編 輯　李映慧
執 行 長　陳旭華（ymal@ms14.hinet.net）

社　　長　郭重興
發行人兼
出版總監　曾大福
出　　版　大牌出版／遠足文化事業股份有限公司
發　　行　遠足文化事業股份有限公司
地　　址　23141 新北市新店區民權路 108-2 號 9 樓
電　　話　+886- 2- 2218 1417
傳　　真　+886- 2- 8667 1851

印務經理　黃禮賢
封面設計　萬勝安
排　　版　極翔企業有限公司
法律顧問　華洋法律事務所 蘇文生律師
　　　　　（本書僅代表作者言論，不代表本公司／出版集團之立場與意見）

定　　價　420 元
初　　版　2017 年 2 月
二　　版　2021 年 4 月

國家圖書館出版品預行編目（CIP）資料

機率思考：職業賭徒與華爾街巨鱷的高勝算思維法，面對機率、風險和不確
定性的 34 堂防彈思考課 / 羅伯‧麥修斯 著；高英哲 譯．– 二版 . -- 新北市：
大牌出版，遠足文化事業股份有限公司, 2021.4 面；公分
譯自：CHANCING IT:The Laws of Chance and How They Can Work for You
ISBN 978-986-5511-77-7（平裝）
1. 機率論 2. 通俗作品

319.1　　　　　　　　　　　　　　　　　　　　　110003655